Astronomy is Easy

0負擔天文課

輕薄短小的109堂課
變身一日太空人

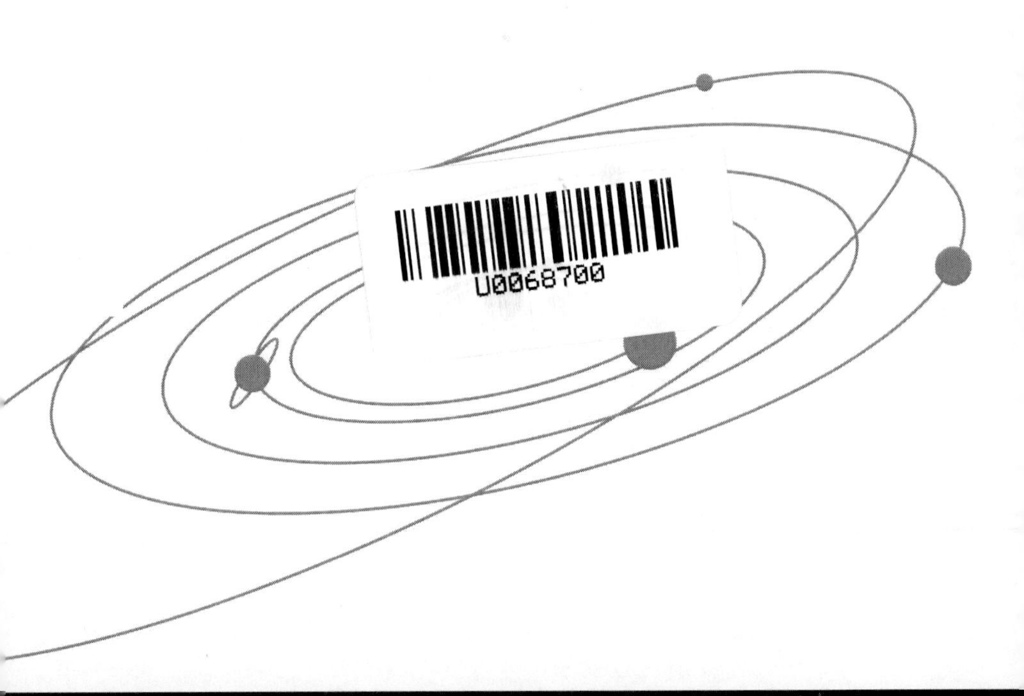

抬頭就能看見的宇宙，卻似乎永遠觸不到盡頭

熱愛天文，但對太空旅行的天價望而卻步？沒關係！
就算沒錢當短期太空遊客，
但你一定有錢買這本書！

所有你好奇的
天文知識，本書全都有！

目錄 CONTENTS

前 言

Chapter 01　宇宙

Lesson 001　宇宙 002
Lesson 002　太空 008
Lesson 003　UFO 013
Lesson 004　太空垃圾 015

Chapter 02　太陽系

Lesson 005　太陽系的起源 018
Lesson 006　太陽 019
Lesson 007　太陽黑子 022
Lesson 008　行星 027
Lesson 009　行星的視運動 034
Lesson 010　地球 036
Lesson 011　矮行星 044
Lesson 012　衛星 047
Lesson 013　人造衛星 050
Lesson 014　月球 053
Lesson 015　太陽系小天體 060
Lesson 016　彗星 062
Lesson 017　流星體 067
Lesson 018　假想星體 070
Lesson 019　飛越太陽系 072

Chapter 03　太陽系外的簡單天體

Lesson 020　系外行星 078
Lesson 021　恆星 082
Lesson 022　矮星 087
Lesson 023　變星 090
Lesson 024　激變變星 091
Lesson 025　緻密星 094

Chapter 04　太陽系外的複雜天體

Lesson 026　聚星 100
Lesson 027　星協 102
Lesson 028　星群 103
Lesson 029　星族 104
Lesson 030　星系 105
Lesson 031　星系群 110
Lesson 032　超星系團 111

Chapter 05　太陽系外大範圍天體

Lesson 033　星周物質 114
Lesson 034　深空天體 116
Lesson 035　星際物質 118
Lesson 036　星流 119
Lesson 037　星雲 120
Lesson 038　星際雲 123
Lesson 039　本地泡 124
Lesson 040　暗物質 125

Chapter 06　星空與星座

Lesson 041　星空 130
Lesson 042　和星座有關的天文知識 130
Lesson 043　春季星空 134
Lesson 044　夏季星空 141
Lesson 045　秋季星空 146
Lesson 046　冬季星空 153

Chapter 07　天文台

Lesson 047　天文台 160
Lesson 048　愛爾蘭紐格萊奇墓 161
Lesson 049　印度德里古天文台 162
Lesson 050　英格蘭巨石陣 162
Lesson 051　馬雅天文台 163
Lesson 052　契琴伊薩天文台 163
Lesson 053　卡斯蒂略金字塔 164
Lesson 054　祕魯查基洛天文台遺址 165
Lesson 055　韓國慶州瞻星台 165
Lesson 056　河南告成觀星台 166
Lesson 057　登封觀星台 166
Lesson 058　京古觀象台 167
Lesson 059　馬丘比丘古城天文台 168
Lesson 060　海爾天文台 169
Lesson 061　威爾遜山天文台 169
Lesson 062　茂納凱亞山天文台 170
Lesson 063　凱克天文台 171
Lesson 064　雷射干涉重力波天文台 172

Lesson 065 雙子星天文台 173
Lesson 066 英國格林威治天文台 174
Lesson 067 歐洲南天天文台 174

Chapter 08 天文儀器

Lesson 068 渾儀 178
Lesson 069 簡儀 178
Lesson 070 仰儀 179
Lesson 071 日晷 180
Lesson 072 圭表 181
Lesson 073 漏刻 182
Lesson 074 天體儀 183
Lesson 075 紀限儀 184
Lesson 076 象限儀 184
Lesson 077 赤道經緯儀 185
Lesson 078 黃道經緯儀 186
Lesson 079 地平經儀 186
Lesson 080 璣衡撫辰儀 187
Lesson 081 水運儀象台 188
Lesson 082 望遠鏡 189
Lesson 083 太陽光電磁像儀 194
Lesson 084 偏振光度計 195
Lesson 085 電波輻射計 195
Lesson 086 恆星攝譜儀 196
Lesson 087 稜鏡等高儀 196
Lesson 088 光電等高儀 197
Lesson 089 中星儀 198
Lesson 090 日晷儀 198

Lesson 091 尤利西斯太陽探測器 199

Chapter 09 時間與曆法

Lesson 092 時間總論 202
Lesson 093 曆法總論 202
Lesson 094 太陽曆 203
Lesson 095 太陰曆 204
Lesson 096 陰陽曆 206
Lesson 097 迴歸年 211
Lesson 098 朔望月 212
Lesson 099 恆星日與真太陽日 215
Lesson 100 曆書時 216
Lesson 101 平太陽日與平太陽時 217
Lesson 102 真太陽時 218
Lesson 103 恆星時 218
Lesson 104 原子時 218
Lesson 105 地方時 · 區時 · 世界時 219
Lesson 106 夏令時差 220
Lesson 107 三垣 221
Lesson 108 四象 222
Lesson 109 潮汐 222

前言

生活在地球上的人類，每當夜晚來臨，仰望高空時，總是看到銀河璀璨，日月競輝，星辰列陣，為此，我們也對宇宙星空充滿了無限的遐想。

千百年來，人類對宇宙天文的探索從未停止過，浩瀚的宇宙，燦爛的星空，總是能夠吸引人類的目光，引發人們探索的興趣。以地球為出發點，人類先認識了宇宙中的太陽、月球和行星。在很長一段時間裡，人類以為太陽系就是宇宙的全部，而地球就是宇宙的中心。

十九世紀末，宇宙的概念擴展到銀河系。隨著科學技術的發展以及各種觀測手段的進步，人類對宇宙的認識逐步深入，陸續觀察到了銀河外星系以及由許多星系組成的星系團、由許多星系團組成的超星系團等等。

天空的確充滿了美麗和夢幻，儘管今天我們已經可以看到數百萬光年地方的星星發射出的光芒，儘管人類的腳步已經踏上了月球，但宇宙和天空中仍然有無數的謎團，無數的未知科學仍然吸引著我們去探究。而隨著人類觀測和總結各種天文知識，天文學也逐漸成為一門非常重要的自然科學。因為天文的一切，宇宙的一切，都與我們人類的生活息息相關。

本書是是一本獻給天文愛好者的書籍，和大家分享天文科普知識，掌握各種天文觀測常識，了解最新天文探測成果的書籍，內容主要包括宇宙、太陽、太陽系外天體、星系、星雲、銀河系、銀河外星系、恆星、行星等等。

本書旨在為讀者提供一個全面的、有吸引力的天文知識概略。它不僅向讀者展示了大量清晰、精美的圖片，還配有言簡意賅的文字說明，使讀者更容易理解和掌握宇宙的起源、天體觀測與發現等基本概念與相關知識。這部有趣的天文百科不僅可以作為我們的學習資料隨時查閱，還具有實用價值和典藏價值。相信透過閱讀本書，讀者們對天文知識會有更加深刻的了解，也會掌握更多的宇宙天文知識。

CHAPTER 01

宇宙

LESSON 001 宇宙

宇宙是由空間、時間、物質及能量構成的統一體。宇宙是物質世界，不依賴於人的意志而客觀存在，並處於不停的運動和發展中。

目前，人們已觀測到的離地球最遠的星系是 130 億光年。也就是說，如果有一束光以 30 萬公里／秒的速度從該星系發出，那麼要經過 130 億年才能到達地球 —— 130 億年前發出的光。這 130 億光年的距離就是目前所知道的宇宙的範圍。更進一步說，目前人們所知道的宇宙範圍，是一個以地球為中心、以 130 億光年距離為半徑的球形空間。當然，地球並非真的宇宙中心，宇宙也未必是球體，僅限於目前的觀測能力而已。

在這個以 130 億光年為半徑的球形空間裡，人們已發現和觀測到的星系約 1250 億個，每個星系擁有像太陽的恆星幾百到幾萬億顆。

宇宙大霹靂

宇宙大霹靂，是根據天文觀測研究後得到的一種設想。一種學說認為，約 150 億年前，宇宙裡所有物質都高度密集在一點，具有極高的溫度，於是發生了巨大的爆炸。大霹靂以後，物質開始向外大膨脹，即形成今天人們看到的宇宙。

大霹靂過程複雜，現僅能從理論研究基礎上，描繪過去遠古的宇宙發展史。在這 150 億年中，先後誕生了星系團、星系、銀河系、恆星、太陽系、行星、衛星等。現在人們看見的和看不見的一切天體和宇宙物質，形成了當今的宇宙形態，在這個宇宙演變中，也就慢慢誕生了人類。

宇宙的膨脹

宇宙依然在膨脹。目前探測到的最遠天體已超過 150 億光年，但那裡還不是宇宙的盡頭，宇宙似有無限的空間。多數科學家認為，「宇宙有限，但無盡頭」。因為如果宇宙真由大霹靂從「無」膨脹起來，它不可能是無限的，而是一個有限的三維空間，就如同膨脹的氣球總有一定體積，威力巨大的氫彈爆炸總有可算出的影響範圍一樣。但宇宙的確沒有盡頭，人們也找不到宇宙的邊緣。

科學家們從宇宙形狀上去解「宇宙有限，但無盡頭」之謎。從球形的地球表面來說，從任何一點出發一直往前走，找不到地球的邊緣，但可回到原來的出發點。它說明二維空間的地球表面沒有盡頭，但是有限。如果宇宙是一個三維空間球體，那在這個球體中的任何一點，不管從上下左右前後哪個方向前進，人們都找不到邊緣，但可回到原來的出發點。但科學家們認為，宇宙不一定是球體，或可能是輪胎形、克萊因瓶形或其它形狀。

科學家認為，宇宙今後的發展有兩種可能，即繼續膨脹或到一定時轉為收縮。不論它如何發展，都將走向死亡，恢復到混沌宇宙的狀況。

宇宙放大現象

宇宙放大，是愛因斯坦相對論中由空間彎曲而產生的許多有趣現象之一。質量巨大的星系團能彎曲周圍空間，在宇宙中形成「重力透鏡」，它是廣義相對論的一個基本預言。當位於重力透鏡後面的星光經重力透鏡「放大」後，其亮度會增加，這就是宇宙放大現象。

宇宙放大是否存在的懸疑持續了約二十年，SDSS 首次印證宇宙的放大現象。美國匹茲堡大學研究小組利用阿帕契點天文台的望遠鏡，對約 20 萬顆類星體及 1300 萬個星系位置和亮度做了精確測量，其中包含大量類星體。透過對大量位於重力透鏡後的類星體亮度做分析，他們發現類星體的亮度的確增加了，雖然幅度很小。這次實驗觀測對象之多、測量之精確，使研究人員確信，「宇宙放大」的確存在。

宇宙的放大作用證明了廣義相對論的正確，證明光線是可以彎曲的，證明來自類恆星的光線經歷了曲折的道路才到達地球。放大現象印證了宇宙神祕暗能量的存在，宇宙學已進入精確測量階段。

宇宙變臉

美國天文學家稱，宇宙從整體上來看呈「淡綠色」，且它的外觀還在不斷改變。

天文學家伊凡．巴德利認為，宇宙的「臉色」應是淡綠色，一種介於青綠色和碧綠之間的顏色。

巴德利和其同事研究了 20 萬個星系的光線圖譜，希望藉此確定恆星形成的時間和宇宙年齡。他們發現，將所有宇宙光線混合，就會呈現淡綠色。普通人不可能看到宇宙顏色，必須站在宇宙以外，才會發現混合色的存在。

在宇宙形成初期，新形成的恆星統治著宇宙，其外表呈現藍色；隨著恆星不斷成熟，宇宙發展到現在的樣子，呈淡綠色。科學家們認為，將來新恆星的數量將會越來越少，宇宙就會變得通紅。

宇宙變臉的原因，在於新恆星數量的改變。宇宙現已發展到衰退期，宇宙初期新恆星數量應比現在多得多。

宇宙速度

宇宙速度，指物體達到 11.2 公里／秒的運動速度時能擺脫地球引力束縛的一種速度。在擺脫地球束縛的過程中，在地球引力的作用下它並非直線飛離地球，而是按拋物線飛行。脫離地球引力後在太陽引力作用下繞太陽運行。若要擺脫太陽引力的束縛飛出太陽系，物體的運動速度必須達到 16.7 公里／秒。那時將按雙曲線軌跡飛離地球，而相對太陽來說它將沿拋物線飛離太陽。

當前的應用太空船，需要繞地飛行（太空船作圓周運動），必須始終有一個與向心力大小相等、方向相反的力作用於太空船。因為地球對物體的引力，正好與物體作曲線運動的離心力方向相反。經計算，在地面物體運動速度達 7.9 公里／秒時，地球對它的引力完全表現為向心力。該速度被稱為環繞速度。

上述使物體繞地球作圓周運動的速度，被稱為第一宇宙速度；擺脫地球引力束縛，飛離地球的速度稱第二宇宙速度；擺脫太陽引力束縛，飛出太陽系的速度叫第三宇宙速度。根據萬有引力定律，物體之間引力的大小與它們的距離平方成反比，所以物體離地球中心的距離不同，其環繞速度和脫離速度不同。

宇宙中天體上的生命

至少 35 億年前，地球上就有了比較高級的單細胞生物藍綠菌，此時地球的年齡也不過 50 億年。如此看來，那些大質量恆星對於生物演化實在太短暫，它們發光發熱只能維持幾百萬年。適合的對象只有從質量相當於或小於太陽的恆星中去找。銀河系中約有千億顆恆星，大多數質量都算「合格」。

除少數例外，銀河系中恆星的發光發熱年代都很長，都足以使智慧生物漸漸形成。但有一個重要條件，該恆星必須是單星而非雙星。因為在雙星系統中，行星很可能不是被其中一顆恆星吸進去就是被甩到宇宙空間。這樣，銀河系中大約還有 400 億顆恆星伴有行星。

有行星還不夠，該行星與恆星的距離及其質量至少能滿足液態水的存在。這樣的話，銀河系中可能有 100 萬個居住生物的行星，這些生物也都演變了 40 億年，只是它們理應處於各自不同的演化階段。

木星探測器先鋒 10 號和 11 號各帶有一塊雕刻鍍金鋁飾牌，這兩個飛行器在完成探測木星任務後，飛出太陽系奔向了宇宙空間。它們帶去了有關人類在宇宙中的位置及關於人類自身情況。別處的智慧生物只要把這種宇宙名片弄到手，就能了解人類的資訊。

宇宙最冷的地方

1997 年，美國和瑞典天文學家發現，恆星死亡前噴發出的氣體形成的「飛鏢」星雲，是迄今所知宇宙中最冷的地方，該處溫度低於零下 270℃。

即將死亡的恆星坍塌成矮星之前，會釋放大量氣體和塵埃，形成飛鏢星雲。這些氣體釋放速度很快，可達 165 公里／秒，導致飛鏢星雲溫度急劇下降。在宇宙中，越冷的物質輻射越弱，其釋放的微波訊號也越弱。為確定飛鏢星雲的具體溫度，研究人員將來自飛鏢星雲內一氧化碳的微波訊號和宇宙背景輻射中的訊號做比較，發現飛鏢星雲的訊號更弱。它表明星雲的溫度低於宇宙基礎溫度零下 270℃。目前，除實驗室取得的人造低溫外，在自然界中從未發現過比飛鏢星雲溫度更低的地方。

宇宙最遠的星系

迄今為止，人類發現宇宙中離地球最遠的星系名叫 8C1433+63，距地球約 150 億光年，該星系的光訊號要歷經 150 億年才能到達地球。該發現使部分科學家認為，宇宙本身至少已有 150 億年歷史，從而否定了根據宇宙膨脹情況而對宇宙年齡所做的估算 —— 宇宙可能只有 120 億年或更小年紀。

新發現的星系似乎包含有一些恆星，這些恆星在其光訊號到達地球時就已上年紀了。天文學家估計離地球最近的一些恆星的年齡至少有 160 億年。

宇宙最大的星系

該星系由恆星、星際氣體和宇宙塵埃埃構成。太陽系所屬的銀河系直徑約 10 萬光年，包括上千億顆恆星。

從前天文學家認為，直徑達 5000 萬光年的超星系團是縱深達 100 ～ 200 億光年的宇宙空間中最大的構造物。1990 年，美國天文學家發現了一個巨大星系團，長度至少為 5 億光年，可能超過 10 億光年，寬度 2 億光年、厚度 1500 萬光年，呈拱形。由於它距地球 2 ～ 3 億光年之遙，人的肉眼難以對其觀測。這是人類宇宙中發現的最巨大的構造物。

小知識

SDSS 計畫

史隆數位化巡天觀測（SDSS）是美國、日本和德國的八個大學和研究所的合作專案。該專案計畫做成像巡天和光譜巡天觀測，所得觀測資料將被用於研究宇宙的大尺度結構、星系的形成和演化等天體物理學的重大課題。

SDSS 配有世界領先儀器，成像巡天的深度和觀測到的天體數目將超水準呈現，它將觀測約 5000 萬個星系、100 顆類星體和 8000 萬顆恆星。SDSS 在獲得成像巡天觀測資料後，透過自動處理軟體對巡天圖像中的天體檢測，並確定它們的位置、形態及亮度。

雖然 SDSS 巡天還在進行中，但已取得一系列令人激動的結果。它探測到星系的微重力透鏡效應，確定了星系中的總質量和物質分布情況。它發現數萬個新類星體和一種新型類星體，確定了銀河系內上百個遙遠恆星的距離，證明銀河系曾吞併近鄰小星系的推測，從而改變了銀河系結構的理論模型。它發現了一批棕矮星，對恆星形成與演化的理論提出重要的觀測限制，還發現很多太陽系內的暗弱小行星。SDSS 甚至還發現一些目前不解其物理本質的不尋常天體。

LESSON 002 太空

月球向來是世界各國積極探測的首選目標，同時，月球僅僅是人類深空探測的起點，一個理想的深空探測中轉站。人類在探月之後，馬不停蹄向火星、金星、土星，向太陽系所有行星，甚至太陽系外進發。各國紛紛制定未來深空探測計畫，為激烈的太空競爭繪製藍圖，期待飛向更遙遠的深空。

人類登月

人類對月球的探測始於 1950 年代末。1961 年 5 月，美國宣布「阿波羅」登月計畫。在其後十餘年裡，美、蘇兩國共成功發射四十五個月球探測器，美國曾先後六次將人類送上月球。

但人類的探月之路並非一帆風順，而是充滿艱辛。1967 年 1 月 27 日，阿波羅 1 號飛船在飛行中突起大火，三名美國太空人在飛船內被大火奪去生命。1967 年 4 月 24 日，蘇聯在匆忙之中發射了「聯盟一號」飛船。但在飛船即將迴歸大地時由於減速用的主降落傘未能打開，回收艙落地後太空人被摔得粉碎。

1969 年 7 月，「阿波羅 11 號」實現了人類登月之夢，「阿波羅 11 號」飛船實現了人類登月之夢，是迄今為止人類在月球探測中取得的最輝煌的成就。

1976 年以後，蘇聯、美國先後停止了探月計畫。隨著航太科技的飛速發展和人類對月球認識的逐漸深入，在 20 世紀末，月球探測經過三十年的平靜後又一次升溫，進入新一輪熱潮。

1986 年，美國提出要重返月球、建立月球基地的設想，並在 1994 年和 1998 年分別發射了兩個探測器。1998 年 1 月發射的以繪製月球表面地形圖、分析月球地質結構和尋找月球存在冰或水證據等為目的「月球勘探者」號探測器，在 1999 年 7 月完成使命。2004 年 1 月 14 日，美國總統布希在關於美國載人太空探索政策的演講中，提出美國重返月球計畫。2006 年 4 月又提出撞擊月球南極的計畫，希望能成功找到月球存在水的證據，以利未來太空人登陸月球並建立長期基地。

目前，歐洲、俄羅斯、印度和日本等國都在按自己制定的探月方案做緊密的準備。

尋找地外生命

1972 年，天文學家實施「奧茲瑪 II 計畫」搜索外星。1977 年，他們意外收到一個「WOW」訊號。但該訊號此後再未出現過。

同年，美國發射「先鋒 10 號」深空探測器，這是人類探索宇宙深處的標誌之一，是人類向太陽系外發射的第一個飛行器。它最初設計壽命為二十一個月，之後卻延續了三十年，並在三十年間為人類帶來許多非常寶貴的宇宙探測資料。「先鋒 10 號」攜帶一張描繪人類外貌特徵及如何在宇宙中找到人類的金牌，人類試圖向幻想中的其他智慧生命發出訊號。

1973 年發射的「先鋒 11 號」探測器重點對土星做了考察，並於 1995 年 9 月能量耗盡，與人類失去聯繫。這位「先鋒」也攜有「地球名片」。

1997 年夏，美國發射了「航海家 1 號」和「航海家 2 號」孿生探測器。它們都攜帶有捎給外星人的禮物，用它去尋覓外星人蹤跡。那是一張直徑 30.5 公分的鍍金銅質唱片，可以保存 10 億年。唱片中錄製了 90 分鐘的「地球之音」。

「孿生兄弟」漫步火星

除月球外，神祕的紅色星球火星是人類深空探測的又一大重點目標，因為火星和地球有很多相似之處，所以倍受人類青睞。

美國、俄羅斯、歐洲等公布的未來太空計畫都提出要重返或登上月球並建立永久基地，接著就是計劃將人送上火星。

在人類的火星探測任務中，「找水」始終是一條中心戰略，因為液態水的存在是火星曾經存在生命或適宜生命存在的基本元素之一。人類希望能在火星上發現水或生命，這樣人類將來登上火星才更有保障，甚至人類在未來的某一天可能會大規模移居火星。

2004 年 1 月，美國航空航天局（NASA）「精神」號和「機會」號兩個火星車先後順利抵達紅色星球。在漫步火星的日子裡，兩輛火星車不僅拍攝了大量火星的立體圖片和彩色全景圖，發回許多重要科學資料，還都發現火星上曾存在液態水並支持生命存在的證據。

同年四月，這對「孿生兄弟」先後完成原定九十個火星日的探測使命。但迄今為止，超期服役的它們還在繼續朝新的科學探測目標努力。

2007 年 5 月，「精神」號發現火星土裡富含矽石，矽石沉積需以大量水作為條件。因此，科學家推測火星過去可能比現在更濕潤，這是至今有關火星有水的最有力證據，意味著火星上可能曾經有生命。

迄今為止，「精神」號和「機會」號火星探測器、「火星偵察衛星」探測器等都已發現了不少火星上可能曾有水的證據，如曾被水浸泡並富含硫磺的土壤、變形的礦物等。另外，火星表面存在看似被水侵蝕的海岸線，所以科學家認為遠古時期的火星水道縱橫交錯，水源豐富。

小行星帶的探測

在太陽系的小行星帶，有無數肉眼看不到的天體，在宇宙中，它們似乎是微不足道的碎石，但卻蘊藏太陽系最原始的祕密。

2007 年 9 月，NASA 的「曙光」號探測器從佛羅里達州甘迺迪太空中心升空，開始了尋訪小行星帶「兩大金剛」之旅。預計「曙光」號需八年才能抵達位於小行星帶的終點站。按計畫，「曙光」號由火箭搭載升空後，會於 2009 年 2 月在火星附近脫離火箭獨自前進。2011 ～ 2012 年，它將繞小行星帶的「灶神星」運行約九個月，隨後將奔赴「穀神星」，從 2015 年開始圍繞它運行，整個太空旅行距離達 48 億公里。

此前，人類還從未嘗試用一個太空探測器考察兩個天體並圍繞它們運轉，因此這是人類深空探測史上的一次創舉。

「灶神星」是位於火星和木星間小行星帶的第四大天體，與「穀神星」、「智神星」、「婚神星」並稱小行星帶「四大金剛」。「曙光」號在繞行「灶神星」過程中，將考察它是否是降落於地球的隕石來源。

多冰的「穀神星」是小行星帶第一個被發現的天體，同時也是體積最大的。望遠鏡觀測顯示，「穀神星」表面布滿黏土、碳酸鹽和其他形成水所需的礦物質，所以這裡也可能為生命形成提供條件。

科學家希望透過「曙光」號的觀測，將這兩個天體的演化過程做比較，尋找它們存在如此大差別的原因。它將從不同高度對兩個天體做探測，研究太陽系早期環境和形成過程。

小知識

史上最險的太空行走

2007年11月3日，美國太空人帕拉金斯基完成歷時七個多小時的太空行走，成功修補了一塊太陽能電池板。由於電池板依然帶電，且破損點距離工作艙足有半個足球場遠，帕拉金斯基要「走」上近一個小時。有報紙評論說，這次任務是美國航太史上最危險的太空行走。

2006年10月底，太陽能電池板上出現了裂縫。NASA多次警告，如不修復這塊太陽能板，國際太空站工作將全部暫停。帕拉辛斯基須行走約一小時才能到達破損點，但在一般情況下，太空人太空行走離開工作艙的距離不會超過半小時路程。帕拉金斯基的工作是將太陽能電池板破損處上打孔，再將「扣鏈」兩端的鋁片固定，其危險性相當大。在修復工作時，還可能會受到損毀的太陽能板超過110伏電壓的電擊。

當「病癒」後的太陽能電池板完全展開時，太空站內的太空人們歡呼：「幹得漂亮！ 太好了！」

LESSON 003 UFO

UFO，不明飛行物，指不明來歷、不明空間、不明結構、不明性質，但又漂浮、飛行在空中的物體。有人認為它是來自其他行星的太空船，有人則認為 UFO 屬於自然現象，但就算是科學家也無法解釋所有的 UFO 報告。

在「不明飛行物」一詞出現前，英語中只有「飛碟」一詞稱呼這類物體，但時有誤解。1940 年代開始，美國上空發現碟狀飛行物，時稱「飛碟」，並以為是蘇聯新式偵察武器。這是當代對不明飛行物的興趣的肇始，後來人們開始關注世界各地的不明飛行物報告。

有人認為，許多不明飛行物是外星人的飛行器，但至今尚未發現確切證據。許多不明飛行物照片經專家鑑定為騙局，有的則被認為是球狀閃電，但仍然有部分發現根據現有科學知識無法解釋。

有關 UFO 的記載

中國史書中，很早記載「不明飛行物體」或「不明天象」，如漢昭帝元平元年，「有流星大如月，眾星皆隨西行」；晉湣帝建興二年正月辛未，「辰時，日損於地。又有三日，相承出於西方而東行」；宋太宗端拱元年閏五月辛亥，「丑時，有星出奎，如半月，北行而沒」。

1947 年 6 月 24 日，美國人肯尼士．阿諾德駕駛自用飛機在華盛頓州瑞尼爾山上空突然發現九個白色碟狀不明飛行物體。他向地面塔台喊出：「I see flying saucer.」（我看見了飛碟）使美國轟動。

1983 年，英國人科林．安德魯發現麥田圈，並成立「國際圓圈現象研究中心」，從事麥田圈的研究。

1990年底至1999年間，比利時上空多次出現不明三角形飛行物，這是少數超過一千人以上目擊不明飛行物體事件。比利時軍方及北大西洋公約組織的雷達也偵測到這些不明飛行物體的存在，在嘗試用無線電聯絡失敗之後，比利時空軍多次派出F-16戰鬥機攔截，其間F-16曾成功用機上雷達描定其中一架不明飛行物體，但被其以極高速逃脫。事後比利時軍方發布事件報告，史稱「比利時不明飛行物體事件」，這是極少數獲得國家軍方承認的不明飛行物體事件。

飛碟熱的首次出現

飛碟熱首次出現在1878年1月，美國德克薩斯州的農民J. 馬丁看到空中有——個圓形物體。美國一百五十家報紙登載這則新聞，把這種物體稱作「飛碟」。

1947年7月8日，地點是新墨西哥，美國陸軍對外宣布，他們捕獲了一隻UFO，幾個小時之後又說是假的！1947年6月，美國愛達荷州的一個企業家K. 阿諾德駕駛私人飛機，途經華盛頓的瑞尼爾山附近，發現九個圓盤高速掠過空中，跳躍前進。這一事件在美國所有報紙上得到報導，又一次引起了世界性的飛碟熱。以後有關發現飛碟的報告紛至沓來，各國政府和民間機構也紛紛組織調查研究。

其實，不明飛行物到現在科學家還沒有查出真相，但又大部分是人為的，所以，真相沒有大白！

LESSON 004 太空垃圾

太空垃圾，是人類空間活動的廢棄物，是空間環境的主要汙染源。在近地球軌道，火箭助推器的最後部分、調壓器和報廢的衛星殘片，還有因事故爆炸的太空船的殘骸碎片、太空船上的小螺絲、墊圈、太空人不小心在太空站上丟失的扳手等，最後都成為太空垃圾。

一般來說，這些太空垃圾在大氣阻力影響下會逐漸隕落，但如果其軌道很高，在一千公里以上，大氣阻力很小，那它能在軌道上存留數萬年甚至數百萬年。目前，大多數太空垃圾都處在較高的高度。

近五十年以來，太空垃圾總數已超過四千萬，總質量達數百萬公斤，大於十公分、地面望遠鏡和雷達能觀測到的太空垃圾平均每年增加兩百個。如今，太空已成為不折不扣的垃圾場。

太空垃圾肇事

太空垃圾絕非無關痛癢的東西，這些東西中有許多可使太空人喪命、將人造衛星擊穿或擦壞航空飛機的窗戶。隨著太空垃圾數量的不斷增加，太空垃圾之間的碰撞機率也不斷增加，從而產生更多碎片。

太空垃圾的數量達到一定程度，可能會產生「雪崩」效應，使航太活動無法進行，近地空間完全失去使用價值。太空垃圾巨大的破壞力來自於它的速度。太空垃圾和太空船撞擊時的平均相對速度是10公里／秒，撞擊時的動能十分巨大。一顆10克質量的太空垃圾撞擊太空船時，其撞擊效果等同於質量1300公斤、時速100公里的汽車撞擊。

太空垃圾清掃創意

目前，關於太空垃圾處理和太空環境治理的研究僅限於學院機構和國家太空署研究分析，該領域沒有任何商業機構在營運。太空垃圾環繞地球，科學家設計了一些比較有創意的方案。

1. **鐳射發射器：**從地面或太空發射鐳射，將太空垃圾推至離地球更近的軌道，使其在地球引力作用下加速下落。但該創意的缺點在於：成本過高，鐳射發射裝置極其昂貴，且擊中目標有限。
2. **太空垃圾收集車：**太空垃圾回收車能在太空軌道指定地點上將大塊太空殘骸收集、封裝，然後運送到離地球比較近的軌道上。這種垃圾收集車還可收集整塊的老火箭殘體。但該方案的問題在於成本太高，且操作較複雜。
3. **金屬細絲：**這種方案就是在飛船發射前，在飛船上面附著一個金屬細絲，進入軌道後用它來擊落那些碎片。但該方案目前只限於「紙上談兵」，尚未實驗過。
4. **定位追蹤：**目前，最先進的太空垃圾定位及監視系統，還是冷戰時期美、蘇兩國為監視敵方導彈進攻及間諜衛星而建造的追蹤系統。它們能探測到低軌道上十公分大小和地球同步軌道上一公尺大小的碎片。
5. **「自殺衛星」：**體積只有足球大小，一旦偵察到太空垃圾，便依附在垃圾上，使其速度降低，最後進入大氣層，與太空垃圾同歸於盡。
6. **「太空工友」：**由十二個太空「垃圾箱」組成，在地球同步軌道上運行。當太空垃圾飛過，它的由電腦控制的機械臂就會抓住目標，放進「垃圾箱」後，將其分割切碎，使其墜入地球大氣層燃燒自毀。

CHAPTER 02

太陽系

LESSON 005 太陽系的起源

18 世紀提出的星雲假說，是近代關於太陽系起源的理論開端。

根據該理論，約 50 億年前，太陽系是團瀰漫、緩動的氣體雲。由於其他天體的引力擾動或鄰近超新星爆發的衝擊波，該氣體雲開始坍縮，濃密的核心變為原始太陽，周圍旋轉的塵粒和氣體原子，形成一個薄盤 —— 原太陽星雲。

就像原始星系雲分裂為眾多恆星一樣，類似的物理過程將原太陽星雲分裂為大量引力束縛的團塊（星子），星子具有小行星尺度，其中一部分就是現今的小行星和彗核，另一部分透過碰撞合併長大成星胚。這些星胚繼續吸積周圍的物質，像滾雪球一樣最後變為大行星及其衛星。所有這些天體都由圍繞原太陽旋轉的薄盤內物質組成，說明它們的共面性和同向性，少數例外（如金星逆向自轉）可用潮汐效應等其他因素來解釋。

星球碰撞產黃金

黃金是因為密度極高的星球相撞後形成的。在相當長的一段時間裡，天文學家懷疑黃金以及其他重金屬如鉑是特殊核反應的副產品。英國和瑞士研究人員透過比較太陽系中的黃金、鉑和其他元素含量，確定黃金、鉑是由星球碰撞形成的。

在核反應中形成的黃金和鉑散落在整個宇宙空間，這些重金屬和銀河系中的氣體（主要是氫氣、氦氣）混合在一起。接著這些氣體逐漸冷卻，形成恆星和環繞恆星的行星，這些恆星和行星因此包含了一些黃金和鉑。

LESSON 006 太陽

太陽無時不在向地球傳送著光和熱。有了太陽光，地球上的植物才能進行光合作用。植物所含的葉綠素利用太陽光的能量，合成種種物質，形成光合作用。

據計算，整個世界的綠色植物每天可產生約四億噸蛋白質、碳水化合物和脂肪，同時還向空氣中釋放出近五億噸的氧，為人和動物提供了充足的食物和氧氣。

太陽簡述

太陽是距離地球最近的恆星，是太陽系的中心天體，其體積是地球的 130 萬倍。它位於銀河系的對稱平面附近，距離銀河系中心大約 2.6 萬光年，在銀道面以北約 26 光年，它一面繞著銀心以每秒 250 公里的速度旋轉，另一面又相對於周圍恆星以每秒 19.7 公里的速度朝織女星附近方向運動。其中心區不斷進行熱核反應，所產生的能量以輻射方式向宇宙空間發射。其中二十二億分之一的能量輻射到地球，成為地球上光和熱的主要來源。太陽的年齡約為 46 億年，它還可繼續燃燒約 50 億年。在其存在的最後時期，太陽中的氦將轉變成重元素，太陽的體積也將不斷膨脹，直至將地球吞沒。

日食

日食，尤其是日全食，是天空中頗為壯觀的景象。如果在晴朗天氣發生日全食，人們會看到太陽西邊緣開始缺掉一塊（實際上是被月影遮住)，所缺面積逐漸擴大，當太陽只剩下一個月牙形時，天色逐漸昏暗，就像夜幕降臨。當太陽被完全遮住時，夜幕籠罩大地。突然，在原來太陽位置四周噴發出皎潔悅目的淡藍色日冕和紅色日珥。此後，太陽西邊又露出光芒，大地重見光明，太陽圓面上被遮部分逐漸減少，太陽也逐漸恢復本來面貌。

日食成因

月球圍繞地球轉動，地球又攜帶月球一起繞太陽公轉，當月球運行到太陽和地球之間，三者幾乎成一直線時，月影擋住太陽，於是就發生了日食。

月影有本影、偽本影（本影的延長部分）和半影之分。在月亮本影掃過之處的太陽光被全部遮住，人們看到日全食；在半影掃過之處，月球僅遮住日面的一部分，人們這時看到日偏食。有時，月球本影達不到地面，它延伸出的偽本影掃到地面，這時，太陽中央的絕大部分被遮住，在周圍留有一圈明亮光環，即為日環食。天文學家稱環食和全食為中心食。中心食的過程中必然發生日偏食。

倍里珠

在全食即將開始或結束時，太陽圓面被月球圓面遮住，僅剩下一圈彎曲細線時，往往會出現一串發光亮點，如同一串晶瑩剔透的珍珠。它是由於月球表面高低不平的山峰像鋸齒一樣將太陽光線切斷造成的。英國天文學家倍里在1838年和1842年首先描述並研究了這種現象，所以稱為倍里珠。

光球上的米粒

用專門觀測太陽的望遠鏡觀測太陽表面時，會發現它一直處在劇烈活動中。人們看到的太陽表面，是太陽大氣的最底層，厚度約 500 公里，稱作光球。透過太陽望遠鏡可看到光球布滿像米粒一樣的東西，這些「米粒」被稱為太陽的米粒組織。「米粒」大小約 1000 公里，溫度比周圍高約 300℃，壽命幾分鐘。

米粒組織實際是太陽內部物質強對流運動在太陽表面的表現。光球下的物質在米粒中上升到光球上來，上升速度 500 公尺／秒左右，冷卻後，又沉到光球下去。光球上「米粒」的運動雖然很劇烈，但比起黑子、閃焰、日珥等真正的太陽活動現象來，只能算寧靜的常規運動。

太陽風

太陽風是從恆星上層大氣射出的超音速電漿（帶電粒子）流。太陽風是一種連續存在，來自太陽並以 200 ～ 800 公里／秒高速運行的電漿流。它們流動時產生的效應與空氣流動十分相似，所以被稱為太陽風。

太陽風從太陽大氣最外層的日冕處向空間持續拋射出粒子流，其主要成分是氫粒子和氦粒子。太陽風有兩種：一種持續不斷輻射，速度較小，粒子含量也較少，被稱為「持續太陽風」；一種是在太陽活動時輻射，速度較大，粒子含量也較多，被稱為「擾動太陽風」。擾動太陽風對地球影響很大，當它抵達地球時，常引起很大的磁暴與強烈的極光，同時也產生電離層騷擾。

LESSON 007 太陽黑子

也叫日斑。在太陽的光球層上，有一些旋渦狀氣流，如同一個淺盤，中間下凹，看似黑色，這些旋渦狀氣流就是太陽黑子。太陽黑子是在太陽的光球層上發生的一種太陽活動，是太陽活動中最基本、最明顯的活動現象。

通常認為，太陽黑子是太陽表面一種熾熱氣體的巨大漩渦，溫度大約在 4500℃左右。假如能把黑子單獨取出，一個大黑子可發出相當於滿月的光芒。因為比太陽的光球層表面溫度要低，所以看上去像一些深暗色的斑點。

太陽黑子很少單獨活動，常常成群出現。太陽黑子產生的帶電離子，可破壞地球高空的電離層，使大氣發生異常，還會干擾地球磁場，從而使電訊中斷。太陽黑子活動週期大約為十一年。

太陽帽日冕

每當日全食出現，在月掩日輪的周圍便會浮現出銀白色的光區(光區外面是黑暗的天空背景)，看上去，被月球遮擋的太陽像一頂「太陽帽」，人稱日冕。

日冕是太陽的最外層大氣，其形狀隨黑子週期而變化。在黑子數極大值期間，日冕形狀比較整齊；在黑子數極小值期間，日冕形狀扁圓。

日冕延伸範圍很大，分內冕和外冕。內冕只延伸到離太陽表面約 0.3 個太陽半徑，外冕則可達幾個太陽半徑。日冕譜線屬於極高度游離的離子。日冕的溫度約 200 萬℃，高於光球，也高於色球。日冕是一團熾熱的極稀薄的電漿，每立方公分約有 108 個粒子。由於高溫，整個日冕處於膨脹狀態，其中大量快速粒子掙脫太陽引力的束縛，不斷向外流動，形成太陽風。

日浪

太陽光球層物質的一種拋射現象。通常發生在太陽黑子上空，具有極強重複出現的特徵，當一次日浪沿上升路徑下落後，又會觸發新的日浪騰升，這樣重複不斷，但其規模和高度則一次比一次小，直至消失。

位於日面邊緣的日浪表現為一個小而明亮的小丘，頂部以尖釘形狀向外急速增長。上升高度各不相等，小日浪只有幾百公里，大日浪可達 5000 公里，最大的達 1 ～ 2 萬公里。拋射最大速度每秒可達 100 ～ 200 公里，比最快的偵察機都快一百多倍。當它們到達最高點後，受太陽引力影響，開始下降，直至返回太陽表面。日浪是由非常小的一束纖維組成，每條纖維間相距很小，作為整體一起發亮和運動。

日珥

發生日全食時，太陽周圍出現一個紅色環圈，上面跳動著紅色火舌，這種火舌狀物體如同太陽面的「耳環」，所以叫日珥。日珥是在太陽色球層上產生的一種非常強烈的太陽活動，是太陽活動的標誌之一。一次完整的日珥過程一般為幾十分鐘，同時，日珥的形狀也千姿百態。

按運動情況，日珥可分為爆發型、寧靜型和活動型三大類。它們從太陽表面噴出來，沿弧形路線，慢慢落回到太陽表面上。但有的日珥噴得很快、很高，其物質直接拋射到宇宙空間，爆發日珥的高度可達幾十萬公里。1938 年爆發的一個最大日珥，頃刻間上升到 157 萬公里的高空。

閃焰

閃焰，太陽上最劇烈的活動現象，通常它們都出現在黑子附近。當出現的黑子多時，閃焰出現也更頻繁。閃焰產生於太陽光球上面的一層大氣層裡，該大氣稱為色球。色球層的厚度約 2500 公里，因此閃焰又稱色球爆發或太陽爆發。

在強磁場作用下，閃焰可在幾百秒鐘內積聚起強能量。這些能量以電磁波以及高能帶電粒子流的形式向外輻射。特別是紫外線和 X 射線的強度，遠遠超過可見光強度，而高能粒子流的速度可達光速的一半。

絢麗的極光

極光，一種大氣光學現象。當太陽黑子、閃焰活動劇烈時，太陽發出大量強烈的帶電粒子流，沿地磁場的磁力線向南北兩極移動，它以極快的速度進入地球大氣上層。帶電粒子速碰撞到空氣中的原子，原子外層的電子便獲得能量。當這些電子將獲得的能量釋放出來，便會輻射出一種可見光束，這種迷人的色彩就是極光。

地球兩極有兩大磁場，帶電粒子流受地球磁場的影響，飛行路線向兩極偏轉，兩極地區形成的粒子流較中緯度多，在高緯度地區人們看到極光的機會更多。出現在北極的叫北極光，出現在南極的叫南極光。極光往往突然出現，連續一段時間後又突然消失。

在瑞典、挪威、俄羅斯和加拿大北部，一年可看到約一百次極光，出現時間大多在春、秋兩季。在加拿大北部的哈得孫灣地區，每年見到的極光多達約兩百四十次。

當太陽成為黑洞

太陽有可能成為黑洞，但不會實際發生。很多黑洞只是大質量恆星演化的重點，這些恆星的質量大部分都為太陽的十倍以上。就目前的太陽質量來說，遠不夠形成黑洞。一個被疑是黑洞的星體中看到一種圓盤狀寒冷氣體和燃燒物質至少要到 50 億年後，太陽才有可能變得夠緻密，才有可能成為黑洞。但由於太陽不斷旋轉，就算有大量能量流失，出現這種可能性依然很小。

每個黑洞都有其「史瓦西半徑」，只有物體超過了該半徑，才會被黑洞「吞噬」。太陽的史瓦西半徑為 2900 公尺，相比之下，現在太陽的半徑約 70 萬公里。當太陽突然變成黑洞時，太陽系中的大小行星都會處在「安全線」外。太陽最終會演化成為一顆白矮星。

如果太陽成為一個黑洞，那這個黑洞並不會把太陽系中的大小行星都吃掉。地球仍會在現有軌道上運行，唯一明顯變化是天氣變得異常寒冷 —— 缺少陽光所致。海洋將會凍結，地球表面上的任何生命形式會逐漸消亡。但地球文明不會滅亡，人類可透過尋找一個能在地表以下發電和取暖的辦法延續生命，還可以透過星際旅行尋找地球的「替代者」。

太陽對地球的影響

地球在它的整個歷史上始終受太陽光和熱作用，它們與地球內部動力所引起的各種現象之間相互作用，驅動著地球表層的演化。當地球的大氣層河水圈形成後，以太陽能為動力的「太陽發動機」驅動大氣和大洋環流，形成風、雲、雨、雪。河流出現了，開始流入大洋，山脈受到剝蝕。

這一切都在塑造和改變著地表環境，影響著地球生物圈，使地球的氣候、生物及地球化學迴圈趨於多樣化。當太陽活動增強，突然釋放巨大能量，同時拋射出不同能量的粒子，使各種波長的電磁輻射迅即增強，並引起磁暴、極光，騷擾大氣電離層，使近地空間狀態發生擾動變化。

夜空為什麼黑暗

奧伯斯（1758 ～ 1840 年）共發現五顆彗星，其中一顆後來以他的名字命名。奧伯斯還發現兩顆小行星。1823 年，奧伯斯提出：為什麼夜空是黑暗的？ 如果宇宙無限，恆星均勻布滿天空，那麼夜晚的天空也將和白天一樣明亮。

實際情況並非如此。這種理論和實際的矛盾，物理學上稱為佯謬。奧伯斯指出的這個矛盾，後來被稱為奧伯斯悖論。

早在 1610 年，伽利略用望遠鏡發現空中有無數肉眼看不到的恆星後，認為宇宙是無限的，恆星的數量也是無限的。

克卜勒不以為然

如果那樣的話，夜空就不會是黑暗的。他說，假如你站在無邊無際的森林中向前看，不論往哪個方向看，都只能看到一根根的樹幹連成一片擋在眼前，看不到任何間隙。當你站在一片小森林中時，才能透過樹幹間隙看到外面的世界。同理，如果宇宙無限，那麼恆星將占據天空的每一點，它們發出的光終將抵達地球，所有恆星發出的光都將連成一片。既然實際情況是恆星彼此之間有黑暗間隙，那就說明宇宙是有限的，透過這些間隙，人們看到的是一堵包圍宇宙的黑暗圍牆。

小知識

日食會損傷視網膜

觀看日偏食時沒有合適的保護裝備，會對視網膜造成灼傷。不管視網膜暴露在太陽下多久，這種損傷會導致視力永久性傷害。當視網膜被灼燒時，人們並無疼痛感，直到這種損傷出現至少幾小時後，這種視覺症狀才會出現。

只有當太陽完全被月球遮擋後，才可以在沒有保護措施下安全觀看日全食。當太陽再現、產生鑽石環效應時，需把眼睛從太陽位置移開。日全食將會持續約兩分鐘，時間長度依你的觀察位置不同。然而，對大多數人來說，往往只能看到日偏食，這時雖然天空很暗，但如果沒有合適的保護裝備和觀看技術，匆促觀看太陽是不安全的。

LESSON 008 行星

行星通常指自身不發光、環繞恆星的天體。一般來說，行星需具有一定質量，行星的質量要足夠大（相對於月球），且近似於圓球狀。行星本身不能像恆星那樣發生核融合反應。2007 年 5 月，麻省理工學院太空科學研究隊發現了宇宙中最熱的行星（2040℃）。

目前，太陽系內有八顆行星，分別是：水星、金星、地球、火星、木星、土星、天王星、海王星。在天文學家觀測名單上，可能符合行星定義的太陽系內天體有十顆以上。

眾神信使 —— 水星：水星是太陽系的八大行星中最小行星，僅比月球大三分之一。中國古代稱水星辰星。西方人叫它墨丘利，墨丘利是羅馬神話中專為眾神傳遞資訊的使者，而水星也不愧為信使的稱號：它是太陽系中運動最快的行星，繞太陽一周只需八十八天，自轉一周約五十八天。水星最接近太陽，所以常被猛烈的陽光淹沒，望遠鏡很少能夠仔細觀察它。

水星沒有自然衛星，靠近過水星的探測器只有美國探測器水手 10 號和美國發射的信使號探測器。由地球上看水星的視星等亮度在 -2.0 ～ 5.5 等之間，但因為距離太陽的最大角度只有 28.3°，淹沒在日出前或日落後的曙光中，因此不太容易被看見。

水星上的太陽看上去要比在地球上大 2.5 倍，太陽光比地球赤道的陽光還要強六倍。水星朝向太陽的一面，溫度極高，可達 400℃以上；但背陽一面，長期不見陽光，溫度極低，達 -173℃。水星地貌酷似月球。水星是太陽系中僅次於地球，密度第二大的天體。

地球姐妹星 —— 金星：金星是太陽系中八大行星之一，離太陽第二近。它是離地球最近的行星。中國古代將其稱為長庚、啟明或太白金星。公轉週期是 224.71 地球日。

金星是太陽系內唯一逆向自轉的大行星，方向自東向西。因此，在金星上看，太陽是西升東落。金星在夜空中亮度僅次於月球，在日出稍前或日落稍後才能達到亮度最大。金星沒有天然衛星，因此金星上的夜空中沒有「月亮」，最亮的「星星」是地球。

金星是一顆類地行星，有時也被人們叫做地球的「姐妹星」，也是太陽系中唯一一顆沒有磁場的行星。在八大行星中金星的軌道最接近圓形，離心率最小，僅為 0.7%。以地球為角的頂點分別連結金星和太陽，就會發現這個角度非常小，即使在最大時也只有 48.5°，這是由於金星的軌道處於地球軌道的內側。因此，當人們看到金星時，不是在清晨便是在傍晚，並分別處在天空的東、西兩側。

金星遠古時有海洋火山爆發

科學家對金星南半球的最新成像顯示，金星過去非常像地球，其表面火山活動較頻繁，擁有海洋。該成像是歐洲太空總署「金星特快車」太空船記錄了 2006 年 5 月至 2007 年 12 月之間的拍攝照片。

由於金星覆蓋雲層，金星特快車使用特殊紅外線波長能夠看穿雲層。金星快車是首顆產生地形繪圖成像的繞軌道運行的太空飛船，並暗示著金星岩石的化學成分。

金星的高地平原曾是遠古大陸，曾被海洋所環繞，其水分可能被蒸發進入到太空，高地平原由於遠古時期火山活躍性形成。

1970 ～ 1980 年代，俄羅斯探測器八次著陸金星，都登陸於遠離南半球高地平原的區域，其著陸點僅發現類似玄武岩的岩石。這意味著在遠古時期金星一定存在海洋和板塊構造過程。

金星內部放射性元素能將其表面加熱，應具有像地球一樣的火山活躍度。在金星一些地區具有黑色岩石，這暗示遠古曾有火山活躍的跡象。

金星遍布酸性薄霧，這片奇特的雲是歐洲太空總署正繞金星飛行的金星快車探測器在 2007 年 7 月發現的。金星快車發現明亮而均勻的薄霧中富含硫酸，水蒸氣上升遇到低空中的二氧化硫，經過未知的化學反應，而後上升到金星高層大氣中從而形成。在那裡，太陽光將部分分子分解，其中一些又重新結合形成會揮發的硫酸。僅僅在幾天裡，這些均勻的硫酸霧就從金星南極點一直蔓延開來，覆蓋了半個行星。

紅色行星 —— 火星：火星，八大行星之一，夜空看起來血紅。距太陽第四近，屬於類地行星，直徑為地球的一半，自轉軸傾角、自轉週期相近，公轉一周則花兩倍時間。古希臘人把火星作為戰爭的象徵。中國古代叫它「熒惑」，取「熒熒火光，離離亂惑」之意。橘紅色外表是因為地表的赤鐵礦（氧化鐵）。

1965 年，人類初次探測火星。1997 年 7 月 4 日，火星探路者號終於成功登上火星。火星的軌道呈明顯橢圓形，在接受太陽照射的地方，近日點和遠日點間溫差近 160℃。火星基本上是沙漠行星，地表沙丘、礫石遍布，沒有穩定的液態水體。二氧化碳為主的大氣既稀薄又寒冷，沙塵懸浮其中，每年常有塵暴發生。與地球相比，地質活動不活躍，地表地貌大部分於遠古較活躍的時期形成，有密布的隕石坑、火山與峽谷，包括太陽系最高的山 —— 奧林匹斯山和最大峽谷 —— 水手號峽谷。

另一個獨特的地形特徵是南北半球的明顯差別

南方是古老、充滿隕石坑的高地，北方則是較年輕的平原。火星兩極皆有水冰與乾冰組成的極冠，會隨著季節消長。在北部的夏天，二氧化碳完全昇華，留下剩餘的冰水層，而南部的二氧化碳從未完全消失過。

火星目前已知擁有兩顆衛星，分別是火衛一、火衛二，都是從小行星帶中捕獲的天體。在 1877 年，這兩顆衛星由美國天文學家阿薩夫 · 霍爾發現。

「候補太陽」 —— 木星：木星是太陽系中八大行星中的第五個行星，是太陽系最大的行星。太陽系體積最大、自轉最快的行星。古代中國稱之歲星，取其繞行天球一周為 12 年，與地支相同之故。木星密度較地球低，其質量僅為地球的 317 倍。

木星表面的紅、褐、白等五彩條紋圖案，可推測木星大氣中的風向平行於赤道方向，因區域不同而交互吹西風和東風。大氣中含有極微的甲烷、乙烷，且有打雷現象，生成有機物的機率很大。木星著名的南半球大紅斑色澤豔麗，是一個巨大的圓形漩渦，超過地球直徑的三倍。

木星的主要成分是氫和氦。木星離太陽比較遠，表面溫度低達 -150°C，木星只靠太陽熱來加溫。木星表面由液態氫、氦組成，再深入地心為液態金屬氫，其核心是一個岩質核，約有地球兩倍大、十倍重。木星擁有強大磁場，表面磁場強度超過地球的十倍。木星的磁氣圈分布範圍比地球磁氣圈的範圍大一百多倍，是太陽系中最大的磁氣圈。由於太陽風和磁氣圈的作用，木星在極區有極光產生。

最美麗的行星 —— 土星：土星是太陽系第二大行星，直徑為地球的 9.5 倍，體積是地球的 745 倍，質量是地球的 95.18 倍，中國古代稱鎮星或填星。土星表面是流體液態氫和氦的海洋，上方覆蓋著厚厚的雲層。土星上狂風肆虐，沿東西方向的風速可超過 1600 公里／小時。這些狂風造成土星上空的雲層，雲層中含有大量結晶氨。

土星大氣以氫、氦為主，並含有甲烷和其他氣體，大氣中飄浮著由稠密的氨晶體組成的相互平行的條紋雲，雲帶以金黃色為主。土星由於快速自轉而呈扁球形。土星平均密度是八大行星中密度最小的，只有 0.70 g/cm^3。如果把它放在水中，它會浮在水面上。

土星也有四季，每一季時間長達七年多，因為離太陽遙遠，即使是夏季也很寒冷。土星自轉在不同緯度自轉速度不同。赤道上自轉週期是 10 小時 14 分，緯度 60° 處則變成 10 小時 40 分。目前，土星周圍已發現二十三顆衛星。

躺在軌道上行駛的天王星

天王星是太陽向外的第七顆行星，在太陽系的體積第三大，質量第四。天王星是第一顆在現代發現的行星，也是第一顆使用望遠鏡發現的行星。天王星大氣的主要成分是氫和氦，還包含較高比例的由水、氨、甲烷結成的「冰」，及可察覺到的碳氫化合物。

天王星是太陽系內溫度最低的行星，最低溫達 49K，還有複合體組成的雲層結構，水在最低雲層內，甲烷則構成最高處的雲層。

天王星的系統非常獨特，其自轉軸斜向一邊，幾乎就躺在公轉太陽的軌道平面上，因而南極和北極也躺在其他行星的赤道位置上。從地球看，天王星的環像是環繞著標靶的圓環，它的衛星則像環繞著鐘的指針。目前已知天王星有二十七顆天然衛星。天王星有著季節的變化和漸增的天氣活動。天王星的風速可達到每秒 250 公尺。天王星表面呈海洋藍色，這是因為它的甲烷大氣吸收了大部分的紅色光譜所導致。

海王星探祕

1989 年 8 月 25 日，航海家 2 號探測器飛越海王星，這是人類第一次用太空探測器探測海王星。幾乎人們所知的全部關於海王星的資訊都來自於這次短暫會晤。在距海王星 4827 公里的最近點，探測器與海王星相會了，從而使人類首次看清遠在距離地球 45 億公里之外的海王星面貌。

探測器發現了海王星的六顆新衛星，使其衛星總數增至八顆；首次發現海王星有五條光環，其中三條黯淡、兩條明亮。

海王星存在磁場和輻射帶，大部分地區存在如同地球南北極那樣的極光。海王星大氣層動盪不定，大氣中含有由冰凍甲烷構成的白雲和大面積氣旋，跟隨在氣旋後面的是 640 公里／小時的颶風。海王星上空有一層因陽光照射大氣層中的甲烷而形成的煙霧。

類地行星

類地行星、地球型行星或岩石行星均指以矽酸鹽岩石為主要成分的行星。

類地行星包括水、金、地、火星，是與地球相類似的行星。它們距離太陽近，體積和質量都較小，平均密度較大，表面溫度較高，大小與地球相似，都由岩石構成。天文學家認為，類地行星上可能孕育有生命。

類地行星的構造都很相似

中央是一個核心，以鐵為主，且大部分為金屬；核心是周圍以矽酸鹽為主的地函。類地行星有峽谷、撞擊坑、山脈和火山。類地行星的大氣層都是再生大氣層。

克卜勒定律

克卜勒定律統稱「克卜勒三定律」，也叫「行星運動定律」，是指行星在宇宙空間繞太陽公轉所遵循的定律。由德國天文學家克卜勒根據丹麥天文學家第谷．布拉赫等人的觀測資料和星表，透過他本人的觀測和分析後，於 1609 ～ 1619 年先後歸納提出。

克卜勒第一定律（軌道定律）：所有行星繞太陽運動的軌道都是橢圓，太陽處在橢圓的一個焦點上。

克卜勒第二定律（面積定律）：對任何一個行星來說，它與太陽的連線在相等的時間掃過相等的面積。

克卜勒第三定律（週期定律）：所有行星的軌道的半長軸的三次方跟公轉週期的二次方的比值都相等。

小知識

在火星上尋找生命

不同於月球的死寂，火星上呈現出豐富的景觀，包括古代峽谷、枯乾的河床、極地冰海遺跡和巨大冰帽等。

火星比地球到太陽的距離還要遠半倍，所以火星比地球要冷。白天，火星溫度有時可達17°C，晚上，氣溫會降至-90°C。由於火星上的平均氣溫低於冰點，所以在它的表面上沒有液態水。

但也不盡然。從繞火星作圓周運轉的太空船所拍攝的照片上，可看到火星表面上有乾涸的河道。它表明在遠古時代，火星比現在要溫暖潮濕許多。正因為如此，火星成為在太陽系中，不管是現在還是將來，尋求外太空生命最重要目標。

火星日非常接近於地球日，每天24小時37分；其黃道夾角為24°，也非常接近於地球。這樣，它就有與地球寒暑相當的四季變化。火星有與地球相似的環境，地球上能繁衍出如此豐富的生命現象，那火星上能蘊有生命跡象，也極有可能。

LESSON 009 行星的視運動

行星因地球公轉和行星本身繞太陽公轉而不斷改變其對於恆星的相對位置。行星在天球恆星背景上的相對運動與太陽和月球的情況不同。對太陽和月球來說，這種運動的方向始終朝東。對行星來說，則有時朝東，有時朝西，這是地球和行星二者的公轉運動合成後在天球上的反映。

行星在天球上的運行

太陽系內的行星繞太陽公轉方向是自西向東。由於各行星公轉速度及在其軌道上的位置不同，在地球上觀測行星時，行星移動的方向與地球公轉方向相同（即自西向東移動），這時稱順行，相反方向時稱逆行。當順行轉成逆行時，或逆行轉成順行時，這時行星看來似乎停留不動，稱留。

行星與地球在公轉軌道上運行

行星與地球分別在其公轉軌道上運行，當行星、地球和太陽成一直線時叫合或衝。

對內行星（在地球軌道內的行星，水星、金星都是內行星）而言，太陽在行星與地球之間時，稱上合，行星在太陽與地球中間時稱下合。

對外行星（在地球軌道外的行星，火星、木星、土星、天王星、海王星和冥王星都是外行星）而言，太陽在行星與地球之間時稱合，而地球在行星與太陽中間時稱衝，此時，行星與地球的距離最近，是觀測的最佳時機。

大距

由於內行星的軌道在地球軌道內，從地球看來，它們和太陽總是形影不離，由太陽東走到太陽西，再回到東。由於它們和太陽很靠近，所以只能在日出前或黃昏後看到它們。當內行星、地球和太陽三顆星所成的角距最大時稱大距，能進行觀測的時間最長。

行星在太陽東邊稱東大距，日落後行星會出現在的西面地平線上，此時是觀測內行星的最佳時機。

西大距，表示行星在太陽的西邊。日出前行星會從東面地平線升上，因為需要在日出前觀測，所以觀測條件比不上東大距。

凌日

凌日，天象中食的一種，其原理與日食相似，是內行星從地、日間通過，人們可見一個黑點在日面緩緩掠過，如水星、金星凌日。

水星的軌道和黃道面間有 7°的夾角，每年的 5 月和 11 月，地球經過水星軌道的升交點和降交點附近時，如水星剛好下合日，就會發生水星凌日現象。水星與太陽相距較遠，水星直徑約為太陽的 1/285，所以用望遠鏡用投影法觀測水星凌日，只能見到一個小黑點從太陽面緩慢掠過。

LESSON 010　地球

地球是太陽系八大行星之一，從出現之日起，已有 46 億年。目前已知最老的岩石大約 40 億年前形成 —— 在相當長一段時期，地球是一個由熔化的岩漿形成的火球。地球處在金星與火星之間，是太陽系中距離太陽第三近的行星。地球有一顆衛星。地球表面積 71% 為水所覆蓋，地球也是太陽系中唯一在表面可以擁有液態水的行星，因此它也是迄今為止唯一具有生命個體的行星。

地球的起源

地質學家發現，覆蓋在原始地殼上的層層疊疊的岩層，是一部地球幾十億年演變發展留下的「石頭大書」，地質學上稱為地層。地層從最古老的地質年代開始，疊加到達地表。一般來說，先形成的地層在下，後形成的地層在上，越靠近地層上部的岩層形成年代越短。用現代科學的方法透過對古老岩石的測定，可知地球已有 46 億年。

目前，科學上用測定岩石中放射性元素和它們衰變生成的同位素含量的方法，作為測定地球年齡的「計時器」。

人們利用放射性元素衰變來計算岩石的年齡。放射性元素在衰變時，速度很穩定，且不受外界條件影響。在一定時間內，一定量的放射性元素，分裂多少分量，生成多少新物質都有確切數字。如一克鈾在一年中有七十四億分之一克衰變為鉛和氦。因此可根據岩石中現有多少鈾和鉛，推算岩石年齡。地殼由岩石組成，這樣就能得知地殼的年齡（有人算出為約 30 億年）。

地殼年齡還不等於地球的實際年齡，因為在形成地殼前，地球還要經過一段表面處於熔融狀態的時期，加上這段時期，地球年齡估計約 46 億年。人類居住的地球就是這樣一直演化到現在，逐漸形成現在的面貌。

大氣層

大氣層是地球外圈中最外部的氣體圈層，它包圍著海洋和陸地。大氣層無確切上界，在 2,000 ～ 16,000 公里高空仍有稀薄氣體和基本粒子。在地下，土壤和某些岩石中也有少量空氣。地球大氣的主要成分為氮、氧、氬、二氧化碳和約占 0.04%的微量氣體。地球大氣層氣體的總質量約占地球總質量的 0.86/1000000。由於地心引力作用，幾乎全部氣體集中在離地面十萬公尺的高度內，其中 75%的大氣集中在地面至一萬公尺高度的對流層範圍內。根據大氣分布特徵，在對流層之上還存在平流層、中氣層、增溫層等。

水圈

水圈包括海洋、江河、湖泊、沼澤、冰河和地下水等，是一個連續、不規則的圈層。地球大氣層中水氣形成白雲和覆蓋地球大部分的藍色海洋，使地球成為一顆「藍色行星」。

地球水圈總質量為約占地球總質量的 1/3600，其中海洋水質量約為陸地水的三十五倍，陸地水包括存於河流、湖泊和表層岩石孔隙和土壤中的水。假如整個地球沒有固體部分的起伏，那麼全球將被深達 2600 公尺的水層均勻覆蓋。大氣層和水圈結合，組成地表流體系統。

生物圈

存於地球大氣層、地球水圈和地表的礦物，在地球上合適的溫度條件下，形成適合於生物生存的自然環境。

生物，指有生命的物體，包括植物、動物和微生物。據統計，在地質歷史上曾生存過的生物約有 5 ～ 10 億種之多，但在地球漫長的演化過程中，絕大部分都已滅絕。

據估計，現存植物約 40 萬種，動物約 110 多萬種，微生物至少 10 多萬種。這些生物生活在岩石圈上層、大氣層下層和水圈全部，在地球上形成一個獨特圈層，即為生物圈。生物圈是太陽系所有行星中僅存於地球上的一個獨特圈層。

岩石圈

岩石圈主要由地球的地殼和地函圈中上地函的頂部組成，從固體地球表面向下穿過地震波在近 33 公里處的第一個不連續面（莫氏不連續面），一直延伸到軟流圈。岩石圈厚度不均，平均厚度約為 100 公里。洋底占據了地球表面總面積的 2/3 以上，大洋盆地約占海底總面積的 45%，其平均水深為 4000 ～ 5000 公尺，大量活躍的海底火山分布在大洋盆地中，其周圍延伸著廣闊的海底丘陵。

軟流圈

在距地球表面以下約 100 公里的上地函中，有一個明顯的地震波低速層，稱為軟流圈。它處於上地函的上部。在洋底下面，它處於約 60 公里深度以下部分；在大陸地區，它處於約 120 公里深度以下，平均深度約處於 60 ～ 250 公里處。由於軟流圈的存在，地球外圈與地球內圈被區別開來。

地函圈

地震波除了在地面下約 33 公里處存在一個明顯不連續面（莫氏不連續面）之外，在軟流圈之下，直到地球內部約 2900 公里深度的介面處，屬於地函圈。由於地球外核為液態，在地函中的地震波 S 波不能穿過此介面在外核中傳播，P 波曲線在此介面處的速度也急劇減慢。它構成了地函圈與外核流體圈的分介面。

外核液體圈

地函圈之下就是外核液體圈，它處在地面以下約 2900 ～ 5120 公里深度。整個外核液體圈基本上可能由動力學黏度很小的液體構成，其中 2900~4980 公里深度稱為 E 層，完全由液體構成；4980 ～ 5120 公里深度層稱為 F 層，它是外核液體圈與固體內核圈之間一個極薄的過渡層。

固體內核圈

固體內核圈是地球八個圈層中最靠近地心的，它位於 5120 ～ 6371 公里的地心處。地球內層不是均質的，地球內部的密度大於地球岩石圈密度，並隨深度的增加，密度也出現明顯變化。地球內部的溫度隨深度而上升。

地球為什麼是傾斜的

地球以傾斜姿勢繞太陽公轉，致使南、北半球產生四季變化。目前，已知地軸的傾斜約以 4 萬年作為週期變動，變動幅度在 22.1^{o} ～ 24.5^{o} 間，地球現在的傾斜度是 23.5^{o}。如果傾角變大，南、北半球夏季日照量會大增，而冬季劇減。

據科學家說，40 億年以前，由於一顆小行星撞到地球，造成地軸傾斜，於是產生了地球的四季氣候。事實上，太陽系九大行星當中，除了水星幾乎垂直於黃道面外，其餘行星都或多或少出現傾斜，如火星傾斜 25°，土星 27°，木星 3°，甚至連太陽也傾斜 7°，月球則傾斜 6.5°，而天王星更傾斜高達 98°，幾乎是躺著轉了！

地球是扁球

經測量發現，地球是一個南北較短的扁球，赤道半徑比兩極半徑長約 21 公里。地球是自轉，地球上每一部分都在作圓周運動，地球的每一點都受到慣性離心力作用，因而也都具有離開地軸向外跑的趨勢。離心力的大小和它離開地軸距離成正比，赤道部分比兩極部分離地軸遠，所以赤道部分所受到離心力大於兩極，從而使它成為一個扁球。

地球重力

地球重力是萬有引力的一種表現。任何兩個原子相互間都存在吸引力。桌上擺著的高爾夫球似乎並無關係，但這兩個高爾夫的原子集合間存在著輕微引力。如果將高爾夫球換成質量巨大的鉛塊，並採用高精確度測量儀器，就可把它們間的吸引力測量出來。如果高爾夫球被換成像地球這樣由無數原子組成質量龐大的物體，其吸引力就很明顯了。

地球重力不變是由於地球質量不發生變化。如果要改變地球重力，就必須改變地球質量。短期之內，地球質量不會發生大幅變化，地球的重力也將保持穩定。

如果地球引力消失，人、汽車以及那些在桌上的鉛筆紙張等都會突然間失去停留在地表的理由，成為無根之物，開始四處飄浮。同樣，人類賴以生存的大氣與海洋、河流與湖泊裡的水因為失去地球重力，空氣將逃逸到太空中，大氣層不復存在。

月球就是這種情況。因為月球上的引力只有地球重力的 1/6，不能留住空氣形成大氣層，所以月球上面幾乎是真空。沒有了大氣，所有的生物都將滅亡，所有的液體也都會消失到太空中。總之，地球重力消失的那一刻，就意味著世界末日的到來，無人能倖免。

如果地球重力突然增加，所有物體的重量都會增加，房子、橋梁、摩天大廈等在地球重力大幅增加的情況下很可能會馬上崩塌，許多植物在面對這樣巨大的變化時也將難以生存。同時，地球大氣壓會加倍，對氣候環境造成嚴重影響。

地球溫度

地核溫度約 4700°C，略低於太陽光球表面溫度（6000°C）。地球上最高溫度發生在閃電中，一次閃電能釋放 100 億焦耳的能量，達 30000°C，該溫度是太陽表面溫度的五倍，但比太陽核心溫度（1400 萬°C）低多了。

地球上最冷的地方是北半球的「冷極」，在西伯利亞東部的奧伊米亞康，1961 年 1 月的最低溫度是 -71°C。南半球的「冷極」在南極大陸，1960 年 8 月 24 日氣溫為 -88.3°C。

地球自轉時快時慢

是什麼原因使地球自轉速度產生變化呢？天文學家對此眾說紛

紛。有人認為是海水漲潮影響。近來研究表明，海水漲退固然有影響，但還不是主要原因，主要原因是地球兩極冰塊融化，引起海水水位上升。

地球上，冰河主要分布在南極洲和北極附近的格陵蘭。冰層的減少和增加，促使海水上升或下降，從而改變地球質量的分布，就會引起地球轉動慣量的變化，進而影響地球自轉速度變化。

世界地球日

1970 年 4 月 22 日，美國人民為解決環境汙染問題，自發掀起一場聲勢浩大的群眾性環境保護運動。當天，美國有一萬所中小學，兩千所高等院校和兩千個社區及各大團體共計兩千多萬人走上街頭。人們高舉受汙染的地球模型、巨畫、圖表，高喊保護環境的口號，舉行遊行、集會和演講，呼籲政府採取措施保護環境。

這次規模盛大的活動促使美國政府在 1970 年代初透過水汙染控制法、清潔大氣法修正案，並成立美國環保局。從此，美國民間組織提議將 4 月 22 日定為「地球日」，其影響隨著環境保護的發展日趨擴大並超越美國國界，得到了世界許多國家的熱烈回應。

1990 年 4 月 22 日，全世界一百多個國家舉行了各種環境保護宣傳活動，參加人數達幾億人。從此，「地球日」真正具有國際性，成為「世界地球日」。

小知識

地震波

從地震震源發出的在地球介質中傳播的彈性波，稱為地震波。地震時，震源區的介質產生急速破裂和運動，從而構成一個波源。由於地球介質的連續性，這種波動向地球內部及表層向外輻射，形成連續介質中的彈性波。地球內部存在著地震波速度突變的莫氏不連續面和古氏不連續面，將地球內部分為地殼、地函和地核三個圈層。

地震波按傳播方式分為三種類型：縱波、橫波和面波。縱波是推進波，最先到達震中，又稱 P 波，它使地面發生上下振動，破壞性較弱；橫波是剪切波，第二個到達震中，又稱 S 波，它使地面發生前後、左右抖動，破壞性較強；面波又稱 L 波，是由縱波與橫波在地表相遇後激發產生的混合波，其波長大、振幅強，只能沿地表面傳播，是造成建築物強烈破壞的主要因素。

LESSON 011 矮行星

矮行星，也叫侏儒行星。2006 年 8 月 24 日，國際天文聯合會重新對太陽系內天體分類後新增加的一組獨立天體。此定義只適用於太陽系內。決議文對矮行星的描述如下：以軌道繞著太陽的天體；有足夠質量以自身重力克服固體應力，使其達到流體靜力學平衡的形狀（幾乎是球形的）；未能清除在近似軌道上的其他小天體；不是行星的衛星，或是其他非恆星天體。根據國際天文聯會最新資料，矮行星有穀神星、冥王星、鬩神星、鳥神星、妊神星。

穀神星

穀神星又被稱為 1 號小行星，是火星與木星之間的小行星帶中。人們最先發現的一顆小行星，是由義大利人皮亞齊在 1801 年 1 月 1 日發現。其平均直徑為 952 公里，是月球直徑的 1/4，質量約為月球的 1/50。

穀神星是目前太陽系中最小的、也是唯一的一顆位於小行星帶的矮行星。2003 年底及 2004 年初，哈伯太空望遠鏡首度攝得穀神星外貌，發現它近似球形，且表面有不同的反照率，相信擁有複雜的地形，有天文學家甚至推測穀神星的具有冰質的函及金屬的核心。

2007 年 9 月，美國太空總署發射曙光號前往穀神星，2014 年 12 月到達。電腦模型表明，穀神星的內部分為不同層次：稠密物質在核心，比較輕的物質靠近表層。它可能包括一個富含冰水的表層，裡面是一個多岩石的核心。美國太空望遠鏡科學研究所發表報告說明，如果穀神星表層 25%由水構成，那麼其淡水含量會比地球還多。

鳥神星

鳥神星是太陽系內已知的第三大矮行星，直徑約為冥王星的 3/4，沒有衛星。鳥神星的平均溫度極低，顯示它的表面覆蓋著甲烷與乙烷，並可能還存在固態氮。

2008 年 6 月 11 日，國際天文聯合會將鳥神星列入類冥矮行星的候選者名單內。類冥矮行星是海王星軌道外的矮行星的專屬分類，2008 年 7 月，鳥神星正式被列為類冥矮行星。

截至 2009 年，鳥神星距離太陽 52 天文單位；幾乎是在它軌道上離太陽最遠的地方。鳥神星具有高達 29°的軌道傾角和約 0.16 的中度離心率，但鳥神星的軌道在半長軸與近日點處都要離太陽稍微遠一些。它的軌道週期約 310 年。

太陽系最小行星 —— 冥王星：在太陽系的九大行星中，冥王星距離太陽最遠，約 59 億公里，因而那裡的光線非常微弱，感覺寒冷陰暗。

冥王星的發現可算得上是「好事多磨」。冥王星亮度很弱，要想在幾十萬顆星星中找到它，好比大海撈針。1930 年 1 月 21 日，美國天文學家終於在雙子星座的底片中發現了這顆新行星。

冥王星軌道的離心率、軌道面對黃道面的傾角比其他行星大，冥王星在近日點附近時比海王星離太陽還近，這時海王星就成了離太陽最遠的行星。每隔一段時間，冥王星和海王星會彼此接近，但不必擔心它們會碰撞，因為它們的軌道平面並不重合，就算在交叉點附近，它們的間距仍很大，它們會像運行於立體交叉公路上的車輛一樣，各自飛馳而過。

冥王星降級矮行星後改名「類冥王星」

國際天文學聯合會大會 2006 年 8 月 24 日投票決定，不再將傳統九大行星之一的冥王星視為行星，而將其列入「矮行星」。降級為「矮行星」的冥王星有了新地位，它將同一些「矮行星」一起稱為「類冥王星」。

「類冥王星」的定義是指軌道在海王星之外、圍繞太陽運轉週期在 200 年以上的星體，它自身的重力必須和表面力平衡，使其形狀呈圓球形。

「類冥王星」在運轉時，不會撞擊其他星體。目前符合「類冥王星」定義的除了冥王星之外，還有鬩神星。另一個矮行星 —— 穀神星則不符合「類冥王星」的定義，理由是它在火星和木星之間的小遊星帶之中。

LESSON 012 衛星

衛星是指在圍繞一顆行星軌道並按閉合軌道做週期性運行的天然天體或人造天體，如月球就是最明顯的天然衛星。

在太陽系裡，除水星和金星外，其他行星都有天然衛星。太陽系已知的天然衛星總數至少有 160 顆。隨著現代科技的發展，人類研發出各種人造衛星。人造衛星的概念始於 1870 年，第一顆被正式送入軌道的人造衛星是俄羅斯 1957 年發射的人衛 1 號。從那時起，已有數千顆環繞地球飛行。

SOHO 衛星

即太陽和太陽風層探測器，是歐洲太空總署及美國太空總署共同研發的無人太空船，在 1995 年發射升空。SOHO 衛星是太陽的觀測站，用以研究太陽結構、化學組成、太陽內部動力學、太陽外部大氣結構及其動力學、太陽風及其與太陽大氣的關係。

SOHO 所搭載的設備，都是為研究如日冕層怎樣被激發然後轉變成以 400 公里／秒的速度吹向地球的太陽風之類的問題而設計。作為研究太陽的重要探測器，SOHO 衛星原設計壽命僅為三年，後來為觀測將在 2000 年左右達到高峰的太陽表面黑子活動，歐洲太空總署和 NASA 將 SOHO 衛星的探測期限延長到 2003 年。但該衛星的功能和作用巨大，是以到目前，SOHO 衛星仍在太空空間為科學研究工作著。

陰陽臉土衛八

土衛八由義大利天文學家凱西尼於 1671 年首先發現。它直徑 1436 公里，距土星 356 萬多公里，整體呈獨特的胡桃狀，中間部分突出，遍布高山，是太陽系中已知唯一形狀仍與數億年前一樣的星球。科學家已證實，土衛八表面主要為冰土混合層，是一顆冰冷衛星。

土衛八最大特點是朝向其軌道前進方向的一面總是黑如瀝青，而另一面則亮白如雪，中間沒有灰色地帶，因而被戲稱為「陰陽臉」。這顆天體兩個半球亮度反差巨大的原因一直困擾著科學家。美國「凱西尼」號土星探測器傳回的最新圖像已基本揭曉這一「陰陽臉」之謎，主要原因可能緣自太陽光。

五彩的木衛一火山口

木衛一是木星四顆大衛星中最靠內的一顆，其大小和月球差不多，由於內部不斷受木星和其它大衛星重力潮汐的加熱，所以火山噴發活動頻繁。

探測木星系統的無人太空船「伽利略號」，在過去的數年中一直不停監測木衛一活躍的庫蘭火山口。該火山除了噴出紅色和黑色的融漿流之外，噴發的煙塵中還帶有黃色硫磺。噴發過程所噴出的物質，在同一地區混合綠色色澤。除此之外，白色區域可能有部分是由氧化硫冰霜造成。

注定滅亡的衛星

火衛一是一顆難逃滅亡噩運的衛星。紅色火星的名字來自羅馬神話中的戰神，它擁有兩顆很小的衛星：火衛一和火衛二，在希臘文中分別象徵恐懼和恐慌。

這兩顆衛星可能原本是火星和木星之間小行星帶裡的小行星，也可能是太陽系更邊緣的天體，後來被火星俘獲而成為火星的衛星。火衛一如同一顆滿布隕石坑的小行星。與月地距離 40 萬公里相比較，火衛一距離火星地表只有 5800 公里，所以會受到火星的下拉潮汐力。大約再過一億年，火衛一可能會撞上火星，或被殘酷的潮汐力扯碎，從而形成火星的行星環。

土衛九

土衛九是唯一的逆行衛星，它繞土星的轉動方向和土星繞太陽的轉動方向相反。由於土衛九與土星的自轉方向相反，在土衛九上會感覺土星以極快速度自轉，似乎土星只要不到五小時就自轉一周，比土星實際自轉要快一倍多。

土衛九繞土星的公轉週期約 1.5 年，自轉週期僅 9 ～ 10 小時，在土衛九上，會看到土星、太陽和其他恆星從西方升起，不到五小時就從東方落下。土衛九直徑 200 公里左右，呈圓球體，與土星距離達 1295 萬公里，所以在土衛九上看到的土星很小，跟人類看到的月亮差不多大。

一些科學家認為，這顆衛星是一個外來「客」，並非土星的「親生骨肉」。也許在很早的一個時期，有一顆慧星核偶爾闖進土星附近，被土星俘獲而成為土衛家族中的一員。

土衛六

土星周圍有許多衛星，最特別的是土衛六了。其直徑為 5150 公里，比水星還大。土衛六上有很厚的大氣層，一層薄霧籠罩在兩百公里的上空。土衛六表面大氣壓力比地球的要大 50%，大氣主要成分是氮、甲烷、乙烷、乙炔等。烷能在寒冷大氣裡液化並滴到土衛六表面形成海洋。科學家們認為，土衛六的海洋由 70% 乙烷、25% 甲烷和 5% 溶解氮組成，深達 1000 公尺。

土衛六是太陽系中唯一一個有大氣的衛星，在土衛六大氣中還發現有汽油雲。「先鋒」飛船測得土衛六上層大氣溫度為 -200℃，表面溫度為 -148℃。土衛六白天的天空呈微紅色，太陽在空中顯得很小，如同在地球上看到的金星。土衛六每十六天繞土星運行一周。

LESSON 013 人造衛星

人造衛星，即人類人工製造的衛星。科學家用火箭把它發射到預定軌道，使它環繞地球或其他行星運轉，以便進行探測或科學研究。人造衛星是發射數量最多、用途最廣、發展最快的太空船。

人造衛星的運動軌道取決於衛星的任務要求，分為低軌道、中高軌道、地球同步軌道、地球靜止軌道、太陽同步軌道，大橢圓軌道和極軌道。人造衛星繞地球飛行速度快，低軌道和中高軌道衛星一天可繞地飛行幾圈到十幾圈，不受領土、領空和地理條件限制，能迅速與地面進行資訊交換。

在衛星軌道高達 3.58 萬公里，並沿地球赤道上空與地球自轉同一方向飛行時，衛星繞地球旋轉週期與地球自轉週期完全相同，相對位置保持不變。此衛星在地球上看似靜止掛在高空，稱地球靜止軌道衛星，這種衛星可實現衛星與地面站間的不間斷資訊交換，並極大簡化地面站的設備。目前，大多數透過衛星的電視轉播和轉發通訊都由靜止通訊衛星實現。

人造衛星種類

按用途分，人造衛星可分為科學衛星、技術試驗衛星和應用衛星。

科學衛星是用於科學探測和研究，主要包括空間物理探測衛星和天文衛星，用以研究高層大氣、地球輻射帶、地球磁層、宇宙線和太陽輻射等，並可觀測其他星體。

技術試驗衛星，主要用於進行新技術試驗或為應用衛星進行試驗。

應用衛星直接為人類服務，其種類最多，數量最大，包括通訊衛星、氣象衛星、偵察衛星、導航衛星、測地衛星、地球資源衛星、截擊衛星等。

世界上第一顆人造衛星

1957 年 10 月 4 日，蘇聯宣布成功將世界上第一顆繞地球運行的人造衛星送入軌道。該衛星重 83 公斤，比美國準備在來年初發射的衛星重八倍。蘇聯宣布，這顆衛星的球體直徑為 55 公分，繞地球一周需 1 小時 35 分，距地面最大高度為 900 公里，用兩個頻道連續發送訊號。由於運行軌道和赤道成 65° 夾角，所以它可每日兩次在莫斯科上空通過。它以 8000 公尺／秒的速度離開地面。這次發射開闢了星際航行的道路。

奈米級人造衛星

美國宇航局發射PharmaSat人造衛星，其僅有麵包塊大小，重10磅。該設計是為研究當人造衛星以1.7萬英里／小時飛行速度在地球軌道盤旋飛行時，人造衛星上攜帶的殺菌藥物對酵母菌怎樣產生反應。

PharmaSat是一項非常重要的實驗，它將產生太空環境下殺菌類抗生藥物對細菌的「攻擊效力」。該人造衛星裝載著內部是感測器的微型實驗室，它能探測到酵母菌生長、密度和健康狀況，該人造衛星會將六個月的即時實驗資料發回地球。

衛星發射多會影響地球轉速

衛星的發射將會使得地球自傳變慢。根據「轉動角動量守恆定律」，衛星發射時一般都藉助地球的自轉，來提高自身的飛行速度。由角動量守恆定律可知，衛星運動很快（如其高度在一百公里左右時，衛星繞地球一周僅兩小時左右），那麼地球的自轉就慢了。儘管地球的質量很大，其對轉動速度的影響很小，但理論上是存在的。

如果人類發射衛星太頻繁會對地球產生影響，如美國原計劃建立太空站的的穿梭運輸。地球地殼的運動是一個在自轉中的「動態平衡」，衛星的發射將破壞這種動態平衡，可能會引發地震等。

宇宙太空站

也稱航太站，是在固定軌道上長期運行的供太空人長期居住和工作的大型太空平台。太空站是迎送太空人和太空物資的場所，是環繞地球軌道運行的太空基地，人們又稱它「宇宙島」。

自從蘇聯發射第一個太空站「禮炮 1 號」以來，已有一系列太空站進入太空，先後多次數十批上百太空人到站上工作，執行多次科學試驗，取得了大量實驗資料和寶貴的科學資料。

太空站與一般太空船相比，有效容積大，可裝載比較複雜的儀器，如長焦距照相機等，使獲取的照片解析度大大提高。由於太空站可以長期載人，許多儀器可由人直接操作，增強了解析能力，可避免機械動作帶來的誤差，可以完成比較複雜、非重複性的工作任務。

小知識

國際太空站收穫大麥

2008 年 8 月 25 日，俄羅斯地面飛行控制中心宣布，國際太空站俄羅斯太空人當天收穫了數月前種下的大麥。這是太空站太空人第二次收穫大麥，第一次是在 2006 年。

太空人將把收穫的大麥種子放入特製容器中，在 -80°C環境中保存，然後該年年底交由太空梭帶回地球，供俄羅斯、美國和日本專家研究使用。

LESSON 014 月球

月球也稱太陰，俗名月亮，是地球唯一的天然衛星。月球年約 46 億。月球有殼、函、核等分層結構，最外層月殼平均厚度約 60 ～ 65 公里；月殼下面至 1000 公里深度是月函，它占了月球的大部分體積；月函下面是月核，溫度約 1000°C，可能呈熔融狀態。

月球直徑約 3476 公里，是地球的 3/11，太陽的 1/400。月球的體積僅為地球的1/49，質量約7350億億噸，相當於地球質量的1/81，表面重力幾乎是地球重力的1/6。月球表面有陰暗部分和明亮區域。

月球的形成

科學家們猜測，月球的形成源於遠古時期星體間的較大碰撞，極可能是46億年前在太陽系誕生不久，一顆火星大小的星體碰撞地球。地球和火星大小星體所形成的岩石殘骸在地球軌道附近形成，當這些岩石灰塵雲冷卻後，形成小型固態結構，最終聚集在一起而形成月球。

月面的環行山

用天文望遠鏡觀測月亮，可看到月面上的環形山，尤其是月亮缺邊附近的環形山，更可以清楚呈現。這是由於在月亮缺邊附近，太陽光斜照之故。由於月亮表面色彩變化不明顯，如果太陽光從正面投射就不會有影子，月亮的凸凹不平就不易被正確體驗。

要觀測月面上某個對象，最好選擇觀測點處在缺邊附近時。如要對哥白尼環形山做觀測，就要選擇月齡在8～10的缺邊月亮。為更深入觀測月面地形全貌，應連續觀測各個月齡的月亮。

觀測月亮就如同到月亮上去旅行一樣，滿月時可看見太陽光全面照射下的環形山，可發現從船形或哥白尼環形山等四面八方發出的明亮的長線條。人們把這明亮的線條稱為光條，但這也只能在滿月時才能看見。

月食

月食是一種特殊天文現象，指當月球運行至地球陰影部分，處在月球和地球之間的地區會因為太陽光被地球遮閉，而看到月球缺了一塊。也就是說，這時的太陽、地球、月球恰好（或幾乎）在同一條直線（地球在太陽與月球之間），所以從太陽照射到月球的光線，會被地球所掩蓋。

對地球而言，當月食發生的時候，太陽和月球的方向會相差 180°，所以月食必定發生在「望」（農曆 15 日前後）。但由於太陽和月球在天空的軌道（分別稱為黃道、白道） 並不在同一平面上，而是約 5° 的交角，所以只有當太陽和月球位於黃道、白道兩個交點附近，才有機會連成一條直線，繼而產生月食。

月食可分為月偏食、月全食和半影月食三種。當月球只有部分進入地球的本影，就出現月偏食；當整個月球進入地球的本影，就出現月全食。半影月食則指月球只是掠過地球的半影區，造成月面亮度極輕微減弱，難以用肉眼看出差別。

月塵

月球表面被由岩石碎屑和塵埃組成的月壤所覆蓋。月壤一般厚 5 ～ 10 公尺，是在月球地質歷史時期由無數隕石撞擊、宇宙射線和太陽風輻照、大幅度溫度變化導致的月球岩石熱脹冷縮破碎等因素所形成。

塵易帶電，並可在相當長時間內保持帶電。因此，月壤顆粒在光電效應、太陽風輻照作用下帶電後，可長時間漂浮並移動。此外，由著陸器著陸、人員走動、月球車行走等人為因素也會造成塵埃飛揚。

月塵由類似石英的矽化物組成，極其細膩，如同粉末。一旦附著在包括太空人的靴子、手套及輻射器、太陽能電池板等物體上，便很難清除。

天秤動

由於月球軌道呈橢圓形，當月球處於近日點，它的自轉速度慢於公轉速度，可見月面東部達東經 98° 的地區。相反，當月處於遠日點時，自轉速度快於公轉速度，可見月面西部達西經 98° 的地區，這種現象稱為天秤動；由於月球軌道傾斜於地球赤道，當月球在星空中移動時，極區會作約 7° 的晃動，這種現象稱為天秤動；由於月球距離地球較近，若觀測者從月出觀測至月落，觀測點就有了一個地球直徑的位移，可多見月面經度 1° 地區。這種現象也稱為天秤動。

月亮跟人走

人類視覺產生的位置變化的感覺主要是角速度的變化，而非線速度的變化，由於月球離人較遠，而人走過的距離相對於月球離人的距離微不足道，變化的視角極其微小。只有當乘快速的飛機時圍繞地球和月球運動的方向相平行時，才能感受覺到月亮並非跟著人走，因為這時會有較大的角速度。

最大和最小的滿月

月球環繞地球運行的軌道並非一個圓形，而是橢圓形，因此月球每次環繞一周時，地球中心與月球中心的距離是不斷變化的。當月球抵達近地點，與地球的距離 36.33 萬公里時，在地球上月球呈現出最大滿月；當月球抵達遠地點，與地球的距離 40.55 萬公里時，在地球上月球呈現出最小滿月。

最小滿月比最大滿月小 14%，但亮度卻增加 30%。實際上，最大滿月和最小滿月之間並非月球體積變大，只是它與地球的距離發生了變化。

「痘瘡歷史」

月球表面痘瘡般的隕坑顯示，過去它曾遭受猛烈的隕石碰撞。由於月球沒有大氣層，以及月球內部缺乏活動性，月球表面的隕坑可記錄幾十億年前隕石碰撞的跡象。由於月球缺乏內部地質活動，幾十億年前的碰撞彈坑至今仍清晰可見。

透過對月球隕坑的年代測定，科學家發現，月球在約 40 億年前曾遭受了「重大撞擊事件」。科學家稱，地球生命可能源於 44 億年前，在重大撞擊事件之前地球上就存在生命形式。這一時期，小行星撞擊只可能熔化地球表面一部分，有些微生物當時可能會生活在地表下數公里處。

月球引起地球海洋潮汐

地球上的海洋潮汐主要是由於月球造成的（太陽只具有部分影響），月球的重力作用牽引地球的海洋，伴隨地球的旋轉，月球的重力使地球海洋形成潮汐。

當滿月和新月時，太陽、地球和月球將排成一條線，產生更高的潮汐。當月球最接近地球時，漲潮就越高，人們稱其為近地點漲潮。

月球導致地球每個世紀自轉週期會減緩 1.5 毫秒。

月球離地球遠去，地球 1 個月將變成 47 天：目前，月球正在遠離地球，每年月球會竊取一部分地球的轉動能，從而導致以每年 4 公分的速度遠離地球。當 46 億年前月球形成之初，月球與地球的距離 2.253 萬公里，但現在兩者間平均距離為 38.44 萬公里。

期間，地球的旋轉速率逐漸減緩，地球的白天越來越長，最終，地球的旋轉會越來越慢，直至月球繞地球旋轉一周時間達到 47 天，地球與月球的運行節奏才一致。以後，人們一個月的時間概念將被改變：不再是 30 天或 31 天，而是 47 天。

未來的能源供應基地

專家們認為，約 50 年後，人類將面臨煤炭、石油和天然氣等現有的傳統能源嚴重短缺的局面。人類具有現實而可行的解決未來能源問題的途徑，可建立使用「氦 -3」同位素的熱反應堆。

在這種反應堆中美由中子輻射，意味著沒有放射性汙染，不會對環境造成危害。但地球上「氦 -3」同位素儲量不大，不能大量生產能源。自動飛行器和登月的美國太空人獲取的資料表明，月球上具有足夠的氦。該種地球上稀有的元素在月球表面塵埃中多達百萬噸以上。月球上的「氦 -3」儲量夠人類使用一千年。科學家對從月球上獲取「氦 -3」解決地球上的能源問題的方案做了經濟論證，用這種方法獲取的每度電成本完全抵得過現行方法。

月球與小天體的撞擊機率

小天體撞擊月球的機率與撞擊物體大小有關。科學家根據撞擊物體的大小將撞擊事件分為三類：第一類撞擊物體的直徑一般為 10 ～ 100 公尺；第二類撞擊物體的直徑一般為 100 ～ 1000 公尺；第三類撞擊物體直徑多為 1000 ～ 5000 公尺，也有超過 5000 公尺的。

多數小行星在火星和木星軌道之間運行。幾十億年來，這些小行星都在相互碰撞。小行星受到各種力源如行星、恆星或氣狀雲等攝動的影響，當它們無法抗拒這種力的作用時，就會遠離主星帶，比如在太陽系內層或外層的偏心圓軌道上運動；有些小行星在靠近內行星或外行星的運行軌道上按其方式運行。

一些在自己軌道上運行的小行星，其運行軌道與行星及其衛星軌道相交叉，但它們從未靠近行星及其衛星；而另一些小行星由於引力的推拉作用而靠近行星及其衛星，並可能與它們發生碰撞。

據最新機率統計分析，上述第一類撞擊物體撞擊月球的可能機率是十年一次；第二類撞擊物體平均約 5000 年與月球碰撞一回；而第三類撞擊物體中較大的小天體「造訪」月球的機率極小，可能為 30 萬年一次。

小知識

為何看不到月球背面

月球自誕生以來，從未離開過地球，是地球「最忠實的伴侶」。但月球總以一面示人，為什麼呢？

事實上，只有在月球自轉和公轉週期相等、方向一致（均為反時針方向）的情況下，月球才能永遠以同一面朝向地球。月球的自轉週期和公轉週期相同，是因為地月之間相互潮汐引力的作用。月球能產生對地球的潮汐引力，能造成地球兩側海水的升漲，對地球大氣也會產生大氣潮。類似地，地球也可以產生對月球的潮汐引力。

月球過去的自轉速度比現在要快很多，其時它的表面存在著如熔岩流之類的流體。地球強大的起潮力引發了月球上的潮汐，而潮汐摩擦會使月球自轉減慢，直至自轉週期等於公轉週期。這時，地球不再引起月球上明顯的潮汐作用，月球就只能以同一面朝向我們了。

LESSON 015 太陽系小天體

太陽系小天體是國際天文聯會在2006年重新解釋太陽系內的行星和矮行星時，產生的新天體分類專案。它包括除了矮行星之外的所有小行星，如傳統的小行星（除了最大的穀神星）、半人馬小行星和海王星特洛伊天體、外海王星天體（除了冥王星和閱神星）和所有的彗星。

近地天體

近地天體（NEO），其軌道距離地球軌道太近（最近距離 <1.3 個天文單位），並由此可能產生撞擊危險的小行星、彗星及大型流星體的總稱。由於這類天體的大小及距離地球很近，在地球發射太空船訪問或未來進行商業開發簡便可行。

實際上，有一些近地星體的速率改變比月球還小。在美國，國會命令NASA必須對所有直徑超過1000公尺的NEO記錄和分類。因為超過這個這數值的NEO如果撞擊地球，將會帶來嚴重災難並危及全球。到2004年4月18日止，共發現了2808個NEO，其中包括49個近地彗星、217個阿登型小行星、1114個阿莫爾型小行星和1427個阿波羅型小行星。它們中的708個直徑超過1000公尺。

微行星

在英文裡，微行星意為無限小行星。在 2006 年，行星專家在會議中對微行星定義如下：

微行星是可以累計成為行星的固體物質，它的內部的力量由自身重力控制，且它的軌道動力不受氣體阻力影響。在太陽雲內，這樣的物體大小約在 1000 公尺左右。在現在的太陽系，這些小物體也依據動力學和構成來分類，並且也做了些附帶演變。例如，成為彗星、古柏帶天體或特洛伊小行星。也就是說，一些微行星適合成為其他種類的天體，一旦行星的形成結束，它們就會被賦予其他不同的名稱。上述定義並未被國際天文學聯合會認可。

小行星

小行星是太陽系內類似行星環繞太陽運動，但體積和質量比行星小得多的天體。太陽系中，沿橢圓形軌道繞太陽運行而體積小，從地球上肉眼看不到的行星。小行星是太陽系形成後的物質殘餘。大部分小行星的運行軌道在火星和木星之間。直徑超過 240 公里的小行星約有十六個，它們都位於地球軌道內側到土星的軌道外側的太空中。其中一些小行星的運行軌道與地球軌道相交，曾有某些小行星與地球發生過碰撞。

迄今為止，在太陽系內一共已發現約 70 萬顆小行星，但這可能僅是所有小行星中的一小部分，只有少數這些小行星的直徑大於 100 公里。到 1990 年代為止，最大的小行星是穀神星。

小行星帶

小行星帶是太陽系內介於火星和木星軌道間的小行星密集區域，

由已經被編號的12.0437萬顆小行星統計得到，98.5%的小行星都在該處被發現。由於該處是小行星最密集區域，估計為數多達50萬顆，這個區域因此被稱為主帶，通常稱小行星帶。

小行星帶由原始太陽星雲中的一群星子（比行星微小的行星前身）形成。但因為木星的重力影響，阻礙了這些星子形成行星，造成許多星子相互碰撞，並形成許多殘骸和碎片。

小行星帶的物質極其稀薄，目前已經有好幾艘太空船安全通過而未發生意外。另外，小行星之間的碰撞可能形成擁有相似軌道特徵和成色的小行星族，這些碰撞也是產生黃道光的塵土的主要來源。

小知識

冰火兩重天

太陽系小行星帶具有「冰火兩重天」的奇異景象，其內側小行星多為火成岩，而外側卻滿是冰球狀的天體，這是太陽系形成初期幾個大行星軌道變化帶來的結果。

小行星帶是太陽系各大行星形成之前曾經存在的原行星盤的殘餘物，其外側大量冰狀天體是外來的。

LESSON 016 彗星

彗星是星際間物質，俗稱「掃把星」。彗星由希臘文演變而來，意為「尾巴」或「毛髮」；中文「彗」字，表示「掃帚」之意。

彗星本身不發光，主要靠反射太陽光而發光。一般彗星的發光都很暗，它們的出現只有天文學家用天文儀器才可觀測到；只有極少數彗星，被太陽照得很明亮拖著長長的尾巴，才被人們所見。據《春秋》

載，西元前 613 年，「有星孛入於北斗」，它是世界上公認的首次關於哈雷彗星的確切記錄。

彗星的結構

彗星無固定體積，當它遠離太陽時體積很小；接近太陽時，彗髮變得越來越大，彗尾變長，體積變得巨大，最長可達 2 億多公里。

彗星質量非常小，絕大部分集中在彗核部分，彗核平均密度為 1 g/m^3。彗髮和彗尾的物質極其稀薄，其質量只占總質量的 1% ～ 5%，甚至更小。

彗星物質主要由水、氨、甲烷、氰、氮、二氧化碳等組成，彗核由凝結成冰的水、二氧化碳（乾冰）、氨和塵埃微粒混雜組成，是個「髒雪球」。

彗尾的產生

彗尾被認為是由氣體和塵埃組成；四個聯合效應將它從彗星上吹出：當氣體和伴生的塵埃從彗核上蒸發時，產生初始動量；陽光的輻射壓將塵埃推離太陽；太陽風將帶電粒子吹離太陽；朝向太陽的萬有引力吸力。

這些效應的相互作用使每個彗尾看上去都不同。當然，物質蒸發到彗髮和彗尾中去，消耗了彗核的物質。有時以爆發的方式出現，比拉彗星即如此：1846 年，它通過太陽時破裂成兩個；1852 年，它通過後即全部消失。

彗星的軌道

彗星的軌道有橢圓、拋物線、雙曲線三種。橢圓軌道的彗星又叫週期彗星，另兩種軌道的又叫非週期彗星。週期彗星又分為短週期彗星和長週期彗星。

一般彗星由彗頭和彗尾組成。彗頭包括彗核和彗髮兩個部分，有的還有彗雲。並非所有彗星都有彗核、彗髮、彗尾等結構。由於彗星由冰凍著的各種雜質、塵埃組成，在遠離太陽時，它只是個雲霧狀小斑點；一旦靠近太陽，因凝固體的蒸發、氣化、膨脹、噴發，彗尾就產生了。彗尾體積極大，可長達上億公里。它形態各異，有的還不止一條，通常總向背離太陽的方向延伸，且越靠近太陽彗尾就越長。

雖然宇宙中彗星的數量極大，但目前所觀測到的也僅有 1600 顆左右。

哈雷彗星

哈雷彗星是第一顆經推算預言必將重現並得到證實的著名大彗星。當它在 1682 年出現後，英國天文學家哈雷注意到它的軌道與 1607 年和 1531 年出現的彗星軌道相似，認為是同一顆彗星的三次出現，並預言它將在 1758 年底或 1759 年初再度出現。果然，在 1759 年，它又回來。這是天文學史上的一個驚人成就，這顆彗星因此也被命名哈雷彗星。

哈雷彗星圍繞太陽沿著很扁長的軌道從東向西運行，平均公轉週期為 76 年。哈雷彗星逆向的的公轉軌道與黃道面呈 18° 傾斜。另外，它的離心率較大。

由於哈雷彗星的反射率僅為 0.03，哈雷彗星的彗核非常暗 ——

比煤還暗，是太陽系中最暗物體之一。哈雷彗星彗核由於密度很低而多孔，可能是由於在冰昇華後，大部分塵埃留下來所致。

掠日彗星

掠日彗星指近日點及接近太陽的彗星，其距離可短至離太陽表面只有數千公里。較小的掠日彗星會在接近太陽時被完全昇華掉，較大彗星則可通過近日點多次。但太陽強大的潮汐力還是可能會將它們分裂。掠日彗星因為近日距非常小，它們在經過近日點時會變得非常明亮。

2007 年 6 月 8 日，SOHO 照片環型下方有一顆掠日彗星橫掃太陽，這顆掠日彗星在後面拖著一條明亮的彗尾。這顆彗星屬於克魯茲族彗星，由一顆大彗星在 2000 年前破碎產生。克魯茲族彗星是掠日彗星的一種，其近日點極接近太陽是它們軌道的特徵之一。

克魯茲族彗星是由一個週期為 1000 年左右的母彗星經過長期運行後，受太陽的熔化作用以及巨大的潮汐力作用而分裂成的若干顆小彗星，它們形成一個彗星群，繞母彗星軌道繼續運行。德國天文學家克魯茲最先注意到這些彗星的共通點，是以被稱為「克魯茲族彗星」。

「鹿林」彗星光臨地球

2009 年上半年，已知最亮彗星「鹿林」飛到離地球最近的地方，成為一顆肉眼可見的彗星。「鹿林」彗星來自非常遙遠的歐特雲，歷經上千萬年向太陽的漫長「朝聖」旅途，於 2009 年 1 月 10 日到達離太陽最近的地方，2 月 24 日鹿林彗星與地球達到最近距離，約 6000 萬公里。

彗星撞木星

1994年7月16～22日，一顆命名為蘇梅克-列維9號的彗星由於受木星引力影響，斷裂成21個可反光碎塊，其中最大一塊寬約4000公尺，以60公里／秒的速度連珠炮般向木星撞去，遠望去就像是一串光彩奪目的珍珠懸掛在茫茫宇宙中。

在太陽系中，像彗木相撞這樣的天文奇觀約要隔數百萬年乃至上千萬年才出現一次。天文學家推測，該彗星環繞木星運行也許已有一個多世紀，由於它距離地球太遙遠和亮度太黯淡而久久未被發現。它開始時可能只是一顆從外太空進入太陽系的普通彗星。該彗星曾於1992年7月8日運行到距木星表面僅四萬公里的位置。

神奇的彗星蛋

哈雷彗星每76年迴歸地球一次，每當巨大、明亮的哈雷彗星拖著彗尾訪問地球時，人們會驚異於看到的奇特現象——地球上會隨之出現蛋殼上印有哈雷彗星圖案的雞蛋。

1682年，哈雷彗星出現時，德國瑪律堡（今黑森州境內），一隻母雞生下一個蛋殼上布滿星辰花紋的蛋；1758年，當哈雷彗星訪問地球時，英國霍伊克附近鄉村的一隻母雞生下一個蛋殼上有清晰彗星圖案的蛋；1834年，哈雷彗星出現在蒼穹，希臘科札尼一隻母雞生下一個「彗星蛋」，該蛋表面的彗星圖案令人驚奇不已；1910年5月17日，當哈雷彗星光臨地球時，法國一個母雞同樣也生下一個蛋殼上繪有彗星圖案的怪蛋；1986年哈雷彗星再次迴歸地球時，在義大利博爾戈的一戶居民家裡，再次發現一個彗星蛋。

奇異的雞蛋為什麼和哈雷彗星一樣，週期性出現呢？這一系列

「彗星蛋」事件，使世界各地的科學家都感到困惑不解。

小知識

「深度撞擊」撞彗星

2005 年 7 月 4 日，美國的「深度撞擊」撞擊器成功實現了對坦普爾 1 號彗星的撞擊。飛行器以 3.7 萬公里／小時撞擊彗星後，在彗星表面形成巨大隕坑，並激起巨型塵埃雲。運載深度撞擊的母體太空船在安全距離觀望，並將收取到的影響傳送回地面控制中心。

深度進入「坦普爾一號」，可幫助科學家了解有關太陽系最初的構成，甚至揭示更多宇宙起源和生命起源的奧祕。

「深度撞擊」號太空飛船在預定軌道上成功釋放了大小如一台滾筒洗衣機的銅質撞擊器，釋放位置距坦普爾 1 號彗星約 88 萬公里。

釋放後，彗星與撞擊器不斷靠近，直至撞擊。同時，太空飛船在 500 公里之外觀望，等候拍攝照片。就在撞擊發生前剎那，撞擊器發回一組照片，照片上是不斷靠近的寬達 14 公里、由冰、灰塵、岩石組成的彗星，最後一張照片在撞擊前三秒鐘發回。

撞擊器在彗星表面留下的「傷痕」可能介於一所大房子和一個足球場大小之間，深度在 2 ～ 14 層樓高度之間。深度撞擊就如同「蚊子撞擊波音 747」，不同的是，蚊子並未被撞粉碎，而是穿透了 747 的擋風玻璃。

LESSON 017　流星體

直徑介於 100 微米至 10 公尺之間的固態天體，即流星和流星體。

太陽系在行星際空間還存在著大量的塵埃微粒和微小的固體塊，繞著太陽運動。在接近地球時，由於地球引力作用使其軌道發生改變，這樣就可能穿過地球大氣層。或者，當地球穿越它們的軌道時也有可能進入地球大氣層。由於這些微粒與地球相對運動速度很高（11 ～ 72 公里／秒），與大氣分子發生劇烈摩擦而燃燒發光，在夜間天空中表現為一條光跡，形成流星。造成流星現象的微粒就被稱為流星體。

流星

流星是分布在星際空間的細小物體和塵粒，它們飛入地球大氣層，跟大氣摩擦產生光和熱，最終被燃盡成一束光，這種現象叫流星。一般說的流星指這種短時間發光的流星體，俗稱賊星。

大部分流星的主要由二氧化矽（也就是普通岩石）、5.7% 是鐵和鎳組成，其他流星是這三種物質的混合物。流星有單個流星、火流星、流星雨幾種。大部分可見流星體都和沙粒差不多，重量在一克以下。綠豆大小的流星體進入大氣層後，即能形成肉眼可見亮度的流星。

地球的不速之客 —— 隕石：流星體闖入地球大氣層和大氣摩擦燃燒，產生光跡。如果它們在大氣中未燃燒盡，落到地面後就稱為「隕星」或「隕石」。原本繞太陽運動的流星體，在經過地球附近時，受地球引力的作用，改變軌道，從而進入地球大氣層。

隕石是太陽系中較大流星體闖入地球大氣後未完全燃燒盡的殘餘，它帶給人類豐富的太陽系天體形成演化的資訊，成為地球人歡迎的不速之客。一般的流星體密度極低，約是水密度的 1/20。每天約有數十億、上百億流星體進入地球大氣，它們總質量可達 20 噸。

散亂流星

散亂流星也稱偶發流星，是不屬於任何流星雨的流星。從地球表面看上去，散亂流星在天球上的軌跡似乎並無規律，在很大程度上屬於偶然。散亂流星的流星體不像流星雨中的流星體那樣在同一軌道裡圍繞太陽運轉，而是在單個軌道上運行。

流星雨

由於流星體與地球大氣層相摩擦，產生流星雨。流星群往往由由彗星分裂的碎片產生，因此，流星群的軌道常與彗星軌道相關。

成群的流星形成流星雨。流星雨看起來像是流星從夜空中的某一點迸發並墜落下來。這一點或這一小塊天區叫作流星雨的輻射點。一般以流星雨輻射點所在天區的星座命名流星雨，以區別來自不同方向的流星雨。如每年 11 月 17 日前後出現的流星雨輻射點在獅子座，於是被命名為獅子座流星雨。獵戶座流星雨、寶瓶座流星雨、英仙座流星雨也均這樣命名。

流星雨的重要特徵之一，是所有流星的反向延長線都相交於輻射點。流星雨規模不同，有時在一小時中只出現幾顆流星；有時卻在短時間裡，在同一輻射點中迸發出成千上萬顆流星，如同節日中人們燃放的禮花一樣壯觀。當流星雨的每小時天頂流量超過 1000 時，稱為「流星暴」。

小知識

驚豔火流星

火流星是一種偶發流星，通常其亮度極高，還會像條閃光的巨大火龍劃過天際。有的火流星會發出「沙沙」的響聲，有的火流星會產生爆炸聲，也有極少數亮度非常高的火流星在白天也能看到。火流星是天空中最令人驚豔的天文現象。

由於火流星質量較大（質量大於幾百克），進入地球大氣後來不及在高空燃盡而繼續闖入稠密的低層大氣，以極高的速度和地球大氣劇烈摩擦，發出耀眼光芒。火流星消失後，在它穿過的路徑上會留下雲霧狀長帶，人稱「流星餘跡」；有些餘跡消失得很快，有的則可存在幾秒鐘到幾分鐘，甚至長達幾十分鐘。人們根據塵埃餘跡，就可以推測出高層大氣內的風向和風速等。

LESSON 018 假想星體

人們試圖解譯具體天文問題，對未來的認知給予的一種假設，假想有一種形體存在。

祝融星

祝融星也叫火神星，是一個假設在太陽與水星之間運行的行星，這個19世紀的假設被愛因斯坦的廣義相對論排除。

祝融星的假設試圖去解釋水星實際近日點移位與計算出移位的差距。按傳統力學方法計算，水星在受到太陽和其他大行星的引力作用下，其近日點在每世紀會東移574″，但實際觀測的數字是531″，和預期相差43″，於是人們便假設水星軌道以內還有一顆大行星未被發現。

祝融星最初由法國數學家勒維耶在1859年提出，他曾以計算天王星受到的外來重力而成功發現海王星。

水內小行星

水內小行星是被設為軌道在水星以內的小行星，與太陽距離 0.08 ～ 0.21 個天文單位（日地之間的距離是一天文單位）之間，一個被假設出來的水內行星，去解釋水星近日點的移位現象。該天體已被廣義相對論推翻。

迄今為止，儘管美太空總署進行多次搜尋，但尚未發現任何水內小行星蹤跡。此類搜尋由於太陽強光影響，極難進行。縱使真有存在，據測它們的直徑也不會超過 60 公里，否則應該早被發現。

人們搜尋過的空間在重力上穩定，所以認為此等小行星有可能存在。在太陽系其他穩定的地帶，也可以找到天體，還有水星表面滿布的環形山可說明早期太陽系有可能存在大量此類小行星。

太陽伴星

太陽伴星是人們假想出來的一個紅矮星或棕矮星，距離太陽 5 ～ 10 萬個天文單位，並以復仇女神的名字來命名。美國物理學家穆勒發現，地球上出現大滅絕的時間具有一定的週期性，約 2600 萬年一次，於是他提出太陽可能存在伴星，試圖解釋大滅絕的週期性。

該伴星推斷其公轉週期為 2600 萬年，在經過歐特雲帶時，干擾了彗星軌道，使數以百萬計的彗星進入內太陽系，從而增加了與地球發生碰撞機會。目前，尚未有證據證明太陽存在伴星，從而使地球週期性大滅絕原因受爭論。

水星的衛星

一個衛星被相信曾在一小段時間內圍繞著水星。1974 年 3 月 27 日，在水手 10 號靠近水星前，地球上開始記錄大量水星附近的紫外線射線。據一位元天文學家說，他們記錄到一種「不可能存在的」射線。隔天，這個射線消失了。三天後，該射線再次出現，且可能來自一個似乎在水星附近的物體。

某些天文學家推測可能偵測到一顆星星的射線，但有人覺得這個物體是顆衛星，因為根據射線發散來源，如此高能量的射線不可能穿透如此遠的星際物質。且該物體速度被計算為 4 公尺／秒，剛好符合一個衛星被期望的速度。但很快這顆「月亮」就被偵測到從水星附近遠離，最後被確認是一顆星星（巨爵座的巨爵座 31）。

水星的衛星儘管不存在，但卻為天文學帶來一個重要發現，即紫外射線不會完全被星際物質吸收。

LESSON 019 飛越太陽系

科學家如何在有生之年完成太陽系外之旅呢？為此，太空船的速度應達到每秒幾百公里，而目前最快的太空船只達該速度的 1/10。現行太空船所以行動遲緩，原因在於它們只靠化學火箭在其飛行的頭幾分鐘裡加速，衝出大氣層後的航程全部倚賴慣性滑行，最多在路過大行星時靠其引力加速。因此要想飛向太陽系外恆星，解決動力問題是關鍵。

目前，「航海家」號和「先鋒」號探測器已飛越冥王星軌道，成為離地球最遠的探測器。為達到這一目標，科學家花費了十幾年時間，其間還不斷利用大行星的引力加速。而從一開始，它們就是用最強大的化學火箭（「土星」號）發射的。

科學家設想了飛越太陽系到達其他恆星的方法，其中有一些現在即可實現，而另一些也許永遠只是停留在設想階段。

核動力火箭

1950 年代，原子火箭發動機產生了。法國人設計了以水為工作物質的原子能火箭，它靠核反應爐產生的熱量將水氣化，高速噴射出的水蒸氣能使星際飛船逐漸加速。火箭需噴出 5000 噸的水才能在 50 年內將飛船送往最近的恆星：比鄰星（距地球 4.22 光年）。

原子能火箭的結構質量占總質量的 12%～ 15%，其中有效載荷占總質量的 5%～ 8%。以氘為燃料的核融合火箭，排氣速度可達 1.5 萬公里／秒，足以在幾十年內將太空船送到別的恆星。

核融合比核分裂釋放更大的能量。理論上，在一個核融合推進系統中每公斤燃料能產生 100 萬億焦耳能量，比普通化學火箭的能量密度高 1000 萬倍。核融合反應將產生大量高能粒子。用電磁場約束這些粒子，使之定向噴射，飛船就可高速前進。為安全起見，核飛船至少應在近地軌道組裝。月球上具有豐富的氦資源，因而月球也是理想的組裝發射地。

此外，也可在拉格朗日點（該點處的物體在繞地球運轉的同時保持與月球相對距離不變）處完成組裝，原材料從月球上用電磁推進系統發送。

光帆

對於核動力火箭來說，以下幾種進入太空的方法更有可能在未來的星際飛行中使用。

在1920年代，物理學家證明電磁波對實物具有壓力效應。1984年，科學家提出，實現長期太空飛行的最好方法是向一個大型薄帆發射大功率鐳射。這種帆被稱為「光帆」。

為做詳細考察，可採用「加速——減速」飛行方案。光帆直徑取100公里，功率巨大的雷射器向它發射鐳射。在減速階段，將有一些類似減速傘的小型光帆被釋放。它把大部分鐳射向飛船的前進方向反射，以達到制動目的。

較其他形式的星際飛船來說，光帆是在技術上和經濟上最易實現的方案。據估算，在使用金屬鈹作為帆面材料時，飛到半人馬座α星的總費用為66.3億美元，只相當於阿波羅計畫投資的1/4。

人工時空隧道

科幻影片中會有這樣的鏡頭：

一聲令下，結構複雜的引擎開始工作，太空船消失於群星中，幾乎就在同時，它完好出現在遙遠的目的地……現代物理學證明，這看似荒誕的場景能夠發生。

現代物理學（時空場共振理論）認為，時間是能量在時空中高頻振盪的結果，宇宙間各時空點的性質取決於該點電磁場的結構特性。該理論認為宇宙中各時空點有其確定的能量流動特性，它可用一組諧波來描述。如果用人工方法產生一定的諧波結構，使它與遠距離某時空點的諧波結構特性相同，那麼兩者就會產生共振，形成一個時空隧道，飛行器就可循著這個時空隧道在瞬間到達宇宙的另一位置。

實行該方案關鍵是飛船必須能產生適當的能量形態，以滿足選定時空點的諧波結構特性。

通過「蟲洞」的星際航行

名為「蟲洞」的奇異天體，是連接空間兩點的時空短程線。科學家認為，透過蟲洞可實現物質的瞬間轉移。用過這種方法進行的星際航行，可完全不考慮相對論效應。但很遺憾，這種理論上應存在的「空間橋梁」至今未被發現。

無疑，無論哪種方法離現實都存在一定距離，但它們在技術上並非不可行。無論困難多大，人類探索未知領域的天性不會改變。不妨設想，人類最終邁出太陽系搖籃，飛向星際的日子也不是太遙遠的事了。

CHAPTER 03

太陽系外的簡單天體

LESSON 020 系外行星

系外行星，泛指在太陽系以外的行星。從1990年代初次證實系外行星存在，到2009年6月，人類已發現349顆系外行星。歷史上天文學家一般相信，在太陽系以外存在其他行星，但它們的普遍程度和性質還是一個謎。自2002年起，每年都有二十個以上新發現的系外行星。

目前，估計不少於10%類似太陽的恆星都有其行星。隨著系外行星的發現，人們開始假想它們當中是否存在外星生命。雖然已知的系外行星均附屬不同的行星系統，但有報告顯示可能存在一些不圍繞任何星體公轉，卻具有行星質量的物體（行星質量體），但至今亦未證實這類天體存在。

熱木星

熱木星指其公轉軌道極為接近其恆星的類木行星，這類行星在其他星系可以找到。熱木星具有以下特性：在太陽與地球的距離上觀測，它們出現凌日的次數較多；其密度較小，在凌日期間會出現黑滴現象，使量度其半徑更困難；它們原先的軌道距離其恆星均非極近；它們軌道的離心率極小。

據NASA消息，史匹哲太空望遠鏡首次捕獲到太陽系外行星發出的光，由此獲得的行星光譜使科學家有望確定外太空行星大氣層中的分子組成。這一發現具有里程碑意義，科學家邁出了探測外太空行星上潛在生命的重要一步。

離心木星

離心木星是一類太陽系外的類木行星，其軌道離心率極大，接近彗星軌道。和熱木星一樣，離心木星系統中不太可能存在類地行星，因為只要給予足夠時間，一顆如木星大小的行星就能夠將所有質量和地球相仿的類地行星拋出該行星系統。據估計，大約 7% 的恆星都擁有一顆離心木星。

星際行星

流浪行星的一種，是一種假設存在的天體。它們原本繞著自己的恆星公轉，受到大型天體引力影響，被引力射出其所在星系，而流浪在宇宙之中。

1998 年，大衛·史提芬遜發表論文則提出不同的看法，文中提及被逐出太陽系的行星，由於存在「放射性熱力散失」，可能會在冰冷宇宙中保留濃密大氣層，不被凍結。此推論以大氣阻光度作推測，大氣越濃厚，阻光度越高，因此濃厚的氫氣可阻擋不少放出的紅外線，保留熱力。另一方面，有認為在行星系統形成期間，有不少較小的原行星會被彈射出該系統。由於距離太陽越遠，行星接收的紫外線會越少，其空氣分子的動能也會越少，這時，重力與地球相近的行星可保留其氫氣和氦氣。

脈衝行星

是圍繞脈衝星公轉的行星。脈衝星，即高速自轉的中子星。脈衝星的行星通常以脈衝計時來偵測，由於脈衝星的自轉速度幾乎不變，所以人們透過精密儀器來偵測脈衝的變化，較易便可推斷到該脈衝星是否存在行星，並可透過變化的出現計算行星公轉週期。

首顆被發現有行星的脈衝星為一顆毫秒脈衝星。因為其環繞的恆星獨特性，所以是最早被發現的太陽系外行星。2006 年，人們使用史匹哲太空望遠鏡觀測到，在一顆距離地球 1.3 萬光年，名為 4U 0142+61 的脈衝星，發現一個原行星盤。人們認為，該原行星盤由富含金屬的超新星爆發殘餘物質組成，這顆脈衝星據估計在距今 10 萬前發生超新星爆發。

之外，不少與太陽相似的恆星也擁有與這顆脈衝星類似的原行星盤，所以這顆脈衝星的原行星盤或會形成新的行星。但受到脈衝星釋放的強大電磁輻射影響，這些新行星不可能出現生命。

冥府行星

冥府行星是一種假設的天體類型，是周邊數層的氫和氦被剝離之後產生的氣體巨星。由於行星過度接近恆星，其大氣層被剝離，殘餘的岩石或金屬核心類似於類地行星。HD209458b（地獄判官）是大氣層被剝離過程中行星的一個例子，雖然它本身還不是一顆冥府行星，但在未來某一天它會稱為一顆冥府行星。目前還未發現冥府行星。

海洋行星

海洋行星，一類假定存在的系外行星，其表面完全被液態水構成的海洋覆蓋。在外太陽系中形成的行星，其初始的物質構成類似彗星，包括質量近乎均等的水和岩石。對太陽系的形成和演化進行的類比顯示在行星形成過程中，其軌道可能向內或向外遷移，從而可能造成以下情況：冰凍行星的軌道向內遷移，行星上的冰體水融化成液態水，最終形成海洋行星。

該類行星上的海洋可能深達數百公里。在海洋深處，巨大壓力使一個由非常態冰構成的地函成型，其中的非常態冰則並非如人們所理解的那樣處於低溫狀態。如果該行星足夠接近母星，那麼其上的海水溫度就可能接近沸點，海水將處於超臨界狀態，從而使海洋缺乏確定的表面。系外行星格利澤 581d 可能是一顆海洋行星，它處於 Gliese581 的適居帶內。該行星上的溫室效應使行星溫度適於液態水存在。

熱海王星

熱海王星是一類假定存在的太陽系外行星，其軌道距離母星較近（通常小於一天文單位）。該類行星的質量接近於海王星和天王星的內核和包層質量之和。據觀測結果顯示，可能存在的熱海王星數量比預期較多。

超級地球

超級地球，一種繞行恆星公轉，因質量約為地球的 2 ～ 10 倍，被歸類在溫度較熱且較無冰層覆蓋的類海王星與體積大小近似地球之行星中間的星體。

目前，已有數顆超級地球被世人發現。地球做為太陽系中最大的類地行星，其所處的太陽系並不包含這一類能被當作範例的行星，凡是那些體積大過地球的行星，質量至少 10 倍於地球。

碳行星

碳行星又稱鑽石行星，一種假設存在的類地行星，其內部擁有鑽石內層，厚度可達幾十公里。這些鑽石行星可在不少恆星的原行星盤中產生，如果它們真的擁有大量碳元素並缺少氧，它們的演化將截然不同於地球、金星及火星這些主要以矽氧化合物的行星。

據現時理論推測，這些碳行星會擁有豐富的鐵內核，內核上層由很厚的碳化矽及碳化鈦，然後是碳元素層，這些碳元素會以石墨形態存在，如果行星的體積大及有足夠壓力，碳元素層的底部便能擠壓出鑽石。

碳行星的表面會充滿碳氫化合物及一氧化碳，如果有水存在的話，它們有機會孕育出生命。繞脈衝星 PSR 1257+12 公轉的行星或會是碳行星，可能是年老恆星產生碳元素，再經超新星爆發而產生的。而其他可能擁有碳行星的恆星推測會在銀河系中心位置，這些恆星同樣會擁有充足的碳元素。

LESSON 021 恆星

球狀或類球狀天體，恆星由熾熱氣體組成，能自己發光，離地球最近的恆星是太陽；其次是處在半人馬座的比鄰星，它發出的光到達地球要 4.22 年。恆星都是氣體星球。

晴朗無月的夜晚，在無光汙染的地區，一般人用肉眼約可看到 6000 多顆恆星。藉助於望遠鏡，可看到幾十萬至幾百萬顆以上。估計銀河系中的恆星大約有 1000 ～ 2000 億顆。恆星並非靜止不動，只是由於距人們太遠，不藉助於特殊工具和方法，很難發現它們在天上的位置變化，因此古代人認為它們是固定不動的星體，稱為恆星。

星等

為表示恆星的明暗程度，天文學家創造出了星等這個概念。它是表示天體相對亮度的數值。

恆星越亮，星等越小；星等的數值越大，它的光就越暗。在地球上測出的星等叫視星等（m）；歸算到離地球十秒差距處的星等叫絕對星等（M）。使用對不同波段敏感的檢測元件所測得的同一恆星的星等一般不同，目前最通用的星等系統之一是U（紫外）、B（藍）、V（黃）三色系統。B和V分別接近照相星等和目視星等。兩者之差就是常用的色指數。色指可確定色溫度。

溫度和絕對星等是恆星的兩個重要的特徵。約100年前，丹麥艾基納和美國諾里斯各自繪製了發現溫度和亮度之間是否有關係的圖，該圖被稱為赫羅圖，或H-R圖。

在H-R圖中，大部分恆星構成一個在天文學上稱作主星序的對角線區域。在主星序中，恆星的絕對星等增加時，其表面溫度也隨之增加。90%以上的恆星都屬於主星序，太陽也是這些主星序中的一顆。巨星和超巨星處在H-R圖的右側較高較遠的位置上。白矮星的表面溫度雖然高，但亮度不大，因此他們只處在該圖中下方。

恆星的運動

不同恆星運動的速度和方向不一樣，它們在天空中相互間的相對位置會發生變化，這種變化稱為恆星的自行。全天恆星之中，自行最快的是巴納德星，達每年 10.31 角秒。一般的恆星，自行要小得多，大多數小於一角秒。

恆星自行的大小不能反映恆星真正運動速度的大小。同樣的運動速度，距離遠就看上去慢，距離近則看上去快。因為巴納德星距離人們很近，不到六光年，所以真實的運動速度僅 88 公里／秒。

恆星的自行反映恆星在垂直於人們視線方向的運動，稱為切向速度。恆星在沿人們視線方向也在運動，該運動速度稱為視向速度。巴納德星的視向速度是 -108 公里／秒（負的視向速度表示向人們接近，而正的視向速度表示離人們而去）。恆星在空間的速度，應是切向速度和視向速度的合成速度，對於巴納德星，它的速度為 139 公里／秒。

上述恆星的空間運動，由三個部分組成：恆星繞銀河系中心的圓周運動，它是銀河系自轉的反映；太陽參與銀河系自轉運動的反映。在扣除這兩種運動的反映後，才真是恆星本身的運動，稱為恆星的本動。

特殊恆星

特殊恆星，在天文學上是指金屬豐度，至少在它們的表面上是異常的恆星。化學組成特殊星在炙熱的主序星（氫燃燒）中很普遍。

根據他們的光譜，這些炙熱的特殊星被劃分為四大類，分別為弱氦星、汞錳星、金屬線星和 A 型特殊星。弱氦星會讓我們期望它有少量的氦，汞錳星在光譜中有強烈的汞和錳吸收線，金屬線星有強烈的金屬線和微弱的鈣和 Sc 線，A 型特殊星有強磁場和強烈的矽、鉻、鍶及其他吸收線。有些還會呈現兩種以上類型的特徵。

原恆星

即處在「原始狀態」（慢收縮階段）的恆星。原恆星由「大霹靂」後產生的星際雲演變而來。它是在星際介質中的巨分子雲收縮下出現的天體，是恆星形成過程中的早期階段。大霹靂後的宇宙空間充滿大致均勻的星際物質。

這些物質中的一些不穩定因素（主要是引力）逐漸引起星際雲中物質密度的變化，導致一個或幾個「引力中心」出現。這些「引力中心」的引力作用使周圍物質向其中心墜落。物質越來越快地被吸收，這些物質的引力位能轉化為熱能，使原恆星中心溫度持續升高。當溫度達到六七百萬度時，「質子 —— 質子」的核融合核反應被點燃。當溫度升到 1000 多萬度時，恆星中心的核反應穩定進行。此時，恆星原恆星階段結束，主序星階段開始。

主序星

恆星以內部氫核融合為主要能源的發展階段叫恆星的主序階段，處於主序階段的恆星被稱為主序星。

主序階段是恆星的青壯年期，恆星在這一階段停留的時間占整個壽命的 90% 以上。這是一個相對穩定期，其向外膨脹和向內收縮的兩種力大致平衡，恆星基本上不收縮不膨脹。恆星停留在主序階段的時間隨著質量不同而出現差異。質量越大，光度越大，能量消耗也越快，停留在主序階段的時間就越短。如質量等於太陽質量的 15 倍、5 倍、1 倍、0.2 倍的恆星，處於主序階段的時間分別為 1000 萬年、7000 萬年、100 億年和 1 萬億年。

棕矮星

棕矮星質量約為 5 ～ 90 個木星之間。不同於一般恆星，棕矮星的質量不足，其核心不會融合氫原子來發光發熱，不能成為主序星。但它們的內部及表面均呈現對流狀態，不同的化學物質並不會在內部分層存在。

目前，人們仍在研究棕矮星在以前是否曾在某位置發生過核融合，現在已知質量大於十三個木星的棕矮星可融合氘。

首個棕矮星在 1995 年被證實，至今已有上百個。現時普遍認為棕矮星是銀河系中數目最多的天體之一，較接近地球的棕矮星位於印第安座的 epsilon 星，該恆星擁有兩顆棕矮星，距離太陽十二光年。

碳星

碳星是表層含有的碳多於氧的紅巨星。碳可能是來自恆星內部氦融合後的產物。碳星以恆星風方式，拋掉巨多的重量，這些重量占了恆星總重量很大比例。吹出的恆星風變成星際氣體，而未來新誕生的恆星將由這些星際氣體組成。

最近，哈伯太空望遠鏡觀測到一個神祕天體，天文學家根據天體發生的紅移現象判斷它與地球的距離，紅移越大，表示距離越遠。紅移達到 6.7 的一個星系和達到 5.8 的一個類星體，是至今觀測到的最遠天體。據推斷，該天體可能是一個距地球不遠，但極黯淡的星系，即碳星，或是一個已知宇宙內最遙遠的天體。

小知識

三角視差法

天文學家把需要測量的天體按遠近分為幾個等級。離人們較近的天體，距人們最遠不超過 100 光年（1 光年＝9.46 萬億 1012 公里），天文學家用三角視差法測量它們的距離。

三角視差法是把被測天體置於一個特大三角形的頂點，地球繞太陽公轉的軌道直徑的兩端是這個三角形的另外兩個頂點，透過測量地球到那個天體的視角，再用到已知地球繞太陽公轉軌道的直徑，利用三角公式推算出該天體到人們的距離。稍遠一點的天體無法用三角視差法測量它和地球之間的距離，因為在地球上，無法精確地測定它們的視差。

LESSON 022 矮星

矮星，像太陽一樣的小主序星。如果是白矮星，就是像太陽一樣的一顆恆星的遺核。棕矮星缺乏足夠物質進行核融合反應。

白矮星

白矮星是一種低光度、高密度、高溫度、質量大的恆星。因它顏色發白，體積較矮小，所以被命名為白矮星。

白矮星屬於演化到晚年期的恆星。這些恆星不能維持核融合反應，所以在經過氦閃演化到紅巨星階段之後，他們會將外殼拋出形成行星狀星雲，而留下一個核融合產生的的高密度核心，即白矮星。

目前已觀測發現的白矮星有一千多顆。天狼星的伴星是第一顆被人們發現的白矮星，也是所觀測到的最亮的白矮星（8 等星）。

棕矮星

棕矮星的構成類似恆星，但質量不夠大，不能在核心點燃核融合反應的氣態天體，其質量在恆星與行星之間。

棕矮星是處於最小恆星與最大行星之間大小的天體，所以棕矮星非常黯淡。天文學家經過十二年研究，最近成功才發現組成雙星系統的兩顆棕矮星。

紅矮星

據赫羅圖，紅矮星在眾多處在主序階段的恆星中，大小和溫度都相對較小和低，在光譜分類方面屬於 K 或 M 型。它們在恆星中的數量較多，大多數紅矮星的直徑、質量都低於太陽的 1/3，表面溫度也低於 3500 K。所釋放的光也比太陽弱，有時更低於太陽光度的萬分之一。

由於內部氫元素核融合速度緩慢，所以紅矮星擁有較長的壽命。紅矮星的內部引力不足以把氦元素聚合，因此紅矮星不可能膨脹成紅巨星，而是逐步收縮，直至氫氣耗盡。由於紅矮星壽命可多達數百億年，年齡超過宇宙，因此現時並無任何垂死的紅矮星。

透過紅矮星的壽命，可推測一個星團的大體年齡。由於同一個星團內的恆星，其形成時間都差不多，一個較年老星團，脫離主序星階段的恆星較多，剩下的主序星質量也較小，但人們找不到任何脫離主序星階段的紅矮星，間接證明了宇宙的年齡。

黃矮星

主序恆星的一種，其質量為太陽的 1.0 ～ 1.4 倍，光譜分類多為 G 型。太陽就是一顆黃矮星。

每顆黃矮星的主序壽命約為 100 億年，在這期間，黃矮星會透過內部核融合，將氫聚合成氦。當它們的氫快耗盡時，便脫離主序階段，其自身開始膨脹，並脹大至原來體積的多倍，成為紅巨星，且開始燃燒氦。

位於獵戶座的參宿四，便是一顆紅巨星。當紅巨星不能再燃燒氦時，便會拋出外層氣體，這些氣體成為行星狀星雲，而內核則塌縮成高密度白矮星。黃矮星表面溫度介於 5400 ～ 6000℃之間，每秒鐘會把數百億噸氫聚合為氦，當中有數億噸質量轉化為能量。

橙矮星

主序恆星的一種，其大小、質量及溫度都處在黃矮星和紅矮星之間，它比太陽稍小。其光譜分類為 K 型，但在恆星數量方面，橙矮星比紅矮星小得多，占約 15%。

小知識

紅移

一個天體的光譜向長波（紅）端的位移，稱為紅移。天體的光或其他電磁輻射可能因為運動、引力效應等被拉伸而使波長變長。因為紅光波長比藍光波長長，所以這種拉伸對光學波段光譜特徵的影響是將它們移向光譜的紅端，於是這些過程就被稱為紅移。

LESSON 023 變星

變星，指亮度有起伏變化的恆星。引起恆星亮度變化的原因有幾何原因（如交食、屏遮）和物理原因（如脈動、爆發）及兩者都兼有(如交食加上兩星間的質量交流)。一些恆星在光學波段的物理條件和光學波段以外的電磁輻射有變化，這種恆星現在也稱變星。

按亮度和光譜變化不同，現把變星分為幾何變星、脈動變星和爆發變星三類。在三大類下，又可再分為若干次型。脈動變星和爆發變星是物理變星，都是不穩定恆星。

脈動變星

脈動變星指星體不同程度發生有節奏大規模運動的恆星。這種運動最簡單的形式是半徑週期性地增大和縮小。在半徑變化的同時，光度、溫度、表面積等也隨之變化。

在已發現變星中，脈動變星占一半以上，銀河系中約有 200 萬顆。脈動變星的週期可相差很大，短的在一小時以下，長至幾百天甚至十年以上。星等變化從大於十到小於千分之幾都有。

根據亮度變化曲線的形狀，脈動變星可分為規則的、半規則的和不規則的三類。最典型一類是造父（中國古傳說中善於駕馬車的人）變星，其代表是仙王星座中的造父一星。該變星光變週期為 5.4 天，最亮時亮度 3.6 等，最暗時亮度 4.3 等。利用脈動變星的變光週期與它的亮度嚴格對應關係，天文學家可確定它與地球間的距離，因此這類變星又有「量天尺」之稱。

爆發變星

一種亮度突然激增的變星，光變源於星體本身的爆發。星體在爆發之前處於相對穩定或緩慢變化狀態。部分爆發變星有人稱為災變變星，但這種激烈變化對星體本身來說不一定是「災難性」的，有時只不過是處在由漸變到激變的轉折階段而已。

爆發變星在寧靜期的亮度有複雜變化，變幅有的達幾個星等。部分星有週期性光變——食象和時間尺度為分級或秒級的閃變。它們寧靜期的分光特徵大多是藍連續譜上迭加發射線，通常有氫線、氦線、鈣線等。目前，已能在很寬波段（從電波到 X 射線）上對爆發變星進行觀測。

小知識

焰星

焰星，一類特殊變星。其亮度在平時基本無變化，有時無規則地在幾分鐘甚至幾秒鐘內突然增大，光度變幅從零點幾到幾個星等，個別可達十個星等以上，經過幾十分鐘後又逐漸復原，這種現象稱為「耀亮」或「耀變」。早在 1924 年，天文學家就已發現船底座 DH 星有耀亮，1948 年發現鯨魚座 UV 星光度在三分鐘內增強十一倍，以後又發現一些光譜型從 dKe 到 dMe 的鯨魚座 UV 型變星。

LESSON 024 激變變星

激變變星，一種爆發性的恆星，或稱 CV 型變星，指新星、超新星、焰星和其他正在爆發的恆星。激變變星是擁有一顆白矮星和伴星的雙星系統，這顆伴星通常是紅矮星，但有些情況下它也可是一顆白矮星或正在演化成的次巨星。

這兩顆星非常靠近，以至白矮星的引力可扭曲伴星，且白矮星可從伴星吸積物質。所以，伴星經常被稱為施主星，失去的物質會在白矮星的周圍形成吸積盤，強烈的紫外線和X射線經常從吸積盤發射出來。吸積盤並不穩定，當盤內部分物質落至白矮星時，會導致矮新星爆發。目前已發現數百顆激變變星。

矮新星

一類爆發規模較小、頻率較高的爆發變星。矮新星準週期地爆發，光度陡然增亮，又逐漸變暗。但光度變幅較小，一般小於六個星等。爆發平均週期較短，約10～200天不等。

新星

亮度在短時間內（幾小時到幾天）突然劇增，然後緩慢減弱的一類變星，星等增加幅度多在9～14等之間。

新星在發亮前一般都很暗，即使用大望遠鏡也看不到，而一旦發亮後，被肉眼看到的被稱為「新星」。新星不是新產生的恆星。一般認為，新星產生在雙星系統中。這個雙星系統中的一顆子星是體積很小、密度很大的矮星，另一顆是巨星。兩顆子星相距很近，巨星的物質受白矮星吸引，向白矮星流去。這些物質的主要成分是氫。落進白矮星的氫使白矮星「死灰復燃」，在其外層發生核反應，進而使白矮星外層爆發，成為新星。

新星爆發後，所產生的氣殼被拋出。氣殼不斷膨脹，半徑增大，密度減弱，最後消散在恆星際空間中。隨著氣殼的膨脹和消散，新星亮度也逐漸減弱。

超新星

超新星是爆發規模更大的變星，亮度增幅為新星的數百至數千倍，拋出氣殼速度可超過一萬公里。

超新星是恆星所能經歷的規模最大的災難性爆發。超新星爆發形式有兩種，一種是質量與太陽差不多的恆星，是雙星系統的成員，且是一顆白矮星。這類爆發核反應發生在核心，整個星體炸毀，變成氣體擴散到恆星際空間；另一種是原來質量比太陽大很多倍，不一定是雙星系統成員。這類大質量恆星在核反應最後階段會發生災難性爆發，大部分物質成氣殼被拋出，但中心附近的物質留下來，變成一顆中子星。

極超新星

極超新星指一些質量極大的恆星核心直接塌縮成黑洞並產生兩條能量極大、近光速的噴流，發放出強烈的伽馬射線。

小知識

伽馬暴

即伽馬射線暴，是來自天空中某一方向的伽馬射線強度在短時間內激增，隨即減弱的現象，持續時間在 0.1 ～ 1000 秒，輻射主要集中在 0.1 ～ 100 MeV 能段。

伽馬暴發現於 1967 年。幾十年來，人們對其還不甚了解，但基本可確定它是發生在宇宙學尺度上的恆星級天體中的爆發過程。伽瑪暴是目前天文學中最活躍的研究領域之一，曾在1997年和1999年兩度被美國《科學》雜誌選進年度十大科技進展之列。

LESSON 025 緻密星

緻密星指白矮星、中子星、黑洞等一類緻密天體的總稱，它們沒有核燃料進行核融合反應，熱壓力不足和自身引力保持平衡，以致造成塌縮，成為尺度極小、密度極大的天體。

通常來說，緻密星是恆星演化末期的終結形態，恆星演化為何種緻密星主要取決於恆星質量。質量在1倍到3～6倍太陽質量的恆星最終演化成白矮星，並伴隨有質量損失，其外殼向外拋出，形成行星狀星雲。質量為3～6倍到5～8倍太陽質量的恆星演化成中子星，更大質量的恆星坍縮成黑洞。

藍矮星

主序星是指鄰近太陽和銀河星團的恆星，絕大多數都分布在赫羅圖上從左上角到右下角的狹窄帶內，形成一個明顯的序列，這個序列叫主星序。位於主星序的恆星稱為主序星。

主星序上邊為巨星和超巨星，左下邊是白矮星。由於主序星的光度比巨星和亞巨星小，所以又叫矮星（是一種光度較弱的恆星）。目前常把光譜型為O、B、A的矮星稱為藍矮星。

白矮星

白矮星也稱簡併矮星，是由電子簡併物質構成的小恆星。它們的密度極高，一顆質量與太陽相當的白矮星體積只有地球一般大小，微弱光度則來自過去儲存的熱能。在太陽附近的區域內已知的恆星中大約有 6% 是白矮星。比如天狼星伴星（它是最早被發現的白矮星），體積就比地球稍大，但質量卻和太陽差不多。

根據白矮星的半徑和質量，可算出它的表面重力等於地球表面的 1000 萬至 10 億倍。在這樣的高壓力下，任何物體都不復存在。白矮星是一種晚期的恆星。根據現代恆星演化理論，白矮星形成於紅巨星的中心。

黑矮星

黑矮星是類似太陽大小的白矮星繼續演變的產物，其表溫下降，停止發光發熱。由於一顆恆星由形成到演變成黑矮星的生命週期比宇宙年齡還長，所以現時的宇宙並無任何黑矮星。假如現時的宇宙有黑矮星存在的話，偵測它們的難度也極高。因為它們已停止放出輻射，即使有也是極微量，且多被宇宙微波背景輻射所遮蓋，因此偵測的方法只有使用重力偵測，但此方法對於質量較少的星效用不大。

和棕矮星不同的是，棕矮星質量太少，其重力不足以把氫原子產生核融合，黑矮星由於有足夠質量，在它們主序星的年代能夠發光發熱。

中子星

中子星又名波霎、脈衝星。

恆星在核心的氫在核融合反應中耗盡，完全轉變成鐵時難再從核融合中獲得能量。失去熱輻射壓力支撐的周邊物質受重力牽引急速向核心墜落，可能導致外殼動能轉化為熱能向外爆發產生超新星爆炸；或根據恆星質量不同，整個恆星被壓縮成白矮星、中子星，甚至黑洞。恆星遭受劇烈壓縮，使其組成物質中的電子併入質子轉化成中子，直徑約十餘公里，其一立方公分物質可重達十億噸，且旋轉速度極快。

由於其磁軸和自轉軸不重合，磁場旋轉時產生的無線電波以一明一滅的方式傳到地球，像人眨眼，故又稱波霎。中子星是除黑洞外密度最大的星體，乒乓球大小的中子星相當於地球上一座山的重量。

奇特星

奇特星以除了電子、質子和中子之外的物質組成，以簡併壓力對抗重力崩潰的緻密恆星，它們包括奇異星（由奇異物質組成）、先子星（由先子組成）。奇特星主要是理論上的產物。

黑洞

黑洞是由一個質量相當大的天體，在核能耗盡死亡後產生引力塌縮後形成。根據牛頓普適重力定理，因為黑洞的第一宇宙速度過大，連光也難以逃逸出來，故名為黑洞。

在此區域內的萬有引力極其強大，任何物質都不可能從此區域內逃逸，即使是光線都被它的強大引力拉回，因此黑洞本身不會發光，但黑洞也不會像其他不會發光的物體一樣呈現出黑色，黑洞的引力可讓它身後的光線繞到它前面呈現，讓人以為它是透明的。

白洞

理論上預言的一種天體，性質與黑洞相反。白洞有一個封閉邊界。白洞內部物質（包括輻射）可經過邊界向外發射，但邊界外的物質卻不能落到白洞裡面。因此，白洞如同一個噴泉，不斷向外噴射物質（能量）。

白洞學說在天文學上主要用來解釋某些高能現象。白洞是否存在，尚無觀測證據。如果白洞存在，它可能是宇宙大霹靂時的殘餘物。

蟲洞

多年前，愛因斯坦提出「蟲洞」理論。簡單說，「蟲洞」是連接宇宙遙遠區域間的時空細管。暗物質維持著蟲洞出口的敞開，它可將平行宇宙和嬰兒宇宙連接起來，並提供時間旅行的可能性。它也可能是連接黑洞和白洞的時空隧道，也叫「灰道」。

比方說，大家都在一個長方形廣場上，左上角設為A，右上角設為B，右下角設為C，左下角設為D。假定長方形廣場上全是建築物，你的起點是C，終點是A，你無法直接橫穿建築物，只能從C到B，再從B到A。再假定長方形廣場上不再有建築物，那你就可直接從C到A，這對平面來說最近的路線。

但假如說你進入一個蟲洞，你可直接從C到A，連原本最短到達的距離也不需要了。這就是「蟲洞」說。但由於蟲洞引力過大，人無法通過蟲洞而實現「瞬間移動」。

新研究發現，「蟲洞」的超強力場可透過「負質量」中和，從而穩定「蟲洞」能量場。這種「負質量」，能存在於現實世界，透過太空船，在太空中捕捉到了微量的「負質量」。科學家指出，如果把「負質量」傳送到「蟲洞」中，把「蟲洞」打開，並強化它的結構，使其穩定，就可使太空船通過。

蟲洞還可在宇宙的正常時空中顯現，成為一個突然出現的超時空管道。蟲洞沒有視界，只有一個和外界的分介面，蟲洞透過這個分介面進行超時空連接。蟲洞與黑洞、白洞的介面是一個時空管道和兩個時空閉合區的連接，在這裡時空曲率並不是無限大，因而可以安全通過蟲洞，而不被巨大引力摧毀。

小知識

黑洞會「唱歌」

宇宙黑洞以其強大的吸引力著稱，甚至能將光線吸附於表面。NASA X射線衛星中心透過偵測發現，在距離地球300光年的英仙座，有一座超重黑洞在宇宙中已用C調音階默默「歌唱」了250萬年。

聲波是一種壓力波，而黑洞、即使是相對論性噴流能夠產生巨大的聲波，並在星系周圍傳播。當噴流被以接近光速的速度拋向遍布星系的高溫氣體時，它們就會形成一種「星系鑼鼓」效應，噴流相當於鼓杵，而高溫氣體相當於鼓膜，從而形成了奇特的「歌唱」現象。

CHAPTER 04

太陽系外的複雜天體

LESSON 026 聚星

如果有三到七顆恆星在引力作用下聚集在一起，組成的恆星系統就被稱為聚星。由三顆恆星組成的系統又稱三合星，四顆恆星組成的系統稱四合星，如此類推。大熊星座中的開陽星，是一顆有名的聚星。多年觀測表明，這兩顆恆星之間有力學聯繫。

聯星

如果用望遠鏡觀測星空，常可看到一些恆星兩兩成雙靠在一起。當然，這其中很多只是透視的結果，實際上兩顆星相距遙遠，只是都在一個視線方向上而已。但天文學家發現，其中占不少比例，兩顆星之間存在力學聯繫，相互環繞轉動。這樣的兩顆恆星被稱為雙星。組成雙星的兩顆恆星都稱為雙星的子星，其中較亮的一顆稱為主星；較暗的一顆稱為伴星。有的主星和伴星亮度相差不大，有的相差巨大。

光學雙星

光學雙星亦稱「視雙星」、「假雙星」。透過望遠鏡觀測，光學雙星是彼此很靠近的兩顆星，但實際上在視線方向相距很遠，只是在方位角接近（在一角秒以內），彼此並無力學關係，即彼此不互相繞轉。

X射線雙星

由一顆尋常的恆星和一顆發射X射線的子星組成的蝕雙星。發射

X 射線的子星的性質，可透過 X 射線的脈動週期和估計質量來推測。目前，多數學者認為 X 射線子星是中子星或黑洞之類的緻密星。

目前，已確認為雙星的 X 射線源如小麥哲倫雲 X-1 、天鵝座 X-1 、半人馬座 X-3 等。在 X 射線雙星系統中，通常認為 X 射線由光學恆星快速流出的物質被吸積到緻密 X 射線子星上而引起。緻密星表面引力場很強，落向緻密星的物質可獲得很大能量。這部分能量可轉變為 X 射線波段的輻射能量。

三星

在中國古代天文學上，指視覺上三顆明亮而接近的恆星，如參宿三星（在獵戶座，參宿一、二、三）、心宿三星（在天蠍座，心宿一、二、三）等，但實際上多為無實際聯繫的三顆不同系統恆星。

小知識

X 射線暴

天體的 X 射線突然激增的天文現象。1974 年首次被衛星發現，後被認為是 1970 年代天文學上的重大發現。這種爆發在一秒鐘內，X 射線強度可增大二十到五十倍，且會快速重複出現爆發，但又無規律的週期。

按爆發間隔長短可分兩類：I 型間隔時間為幾小時到幾天，II 型相隔幾秒到幾分鐘。調查表明，X 射線暴多位於銀道面附近，也有少數來自球狀星團。

LESSON 027 星協

星協主要由光譜型大致相同、物理性質相近的恆星組成的具有物理聯繫的系統。其特徵為比疏散星團更鬆散，其成員星空間密度甚至低於周圍星場；大致呈球狀，向銀道面高度集結，並常處在星雲附近。它是很年輕的不穩定的恆星系統。

OB 星協

年輕的星協，擁有十到一百顆大質量的O、B型恆星。它們應是在同一個巨大分子雲中誕生的小個體，一旦外面的氣體和塵埃被吹散後，剩餘的恆星便不在受拘束而開始飄散。O型星生命都很短暫，約在百萬年後就會發展成超新星。這樣就使OB星協通常都只有幾百萬年或更短年齡，在星協中的OB星會在一千萬年內耗盡其燃料。最靠近的OB星協是天蠍-半人馬星協，距離太陽約400光年。在大麥哲倫星系和仙女座大星系也都有OB星協，這些星協的結構非常鬆散，直徑可橫跨過1500光年。

T 星協

T星協是包含有年輕的嬰兒恆星金牛T星的星協，這是在進入主序星之前的原恆星。

T星協中大約有一千顆金牛T星，最靠近的例子是距離太陽只有140光年的金牛-御夫T星協。其他T星協的例子還有南冕T星協、豺狼T星協、蝘蜓T星協和船帆T星協。T星協經常在它們形成的分子雲附近被發現，但並非完全如此。

R 星協

R 星協是照亮反射星雲的星協。由於形成這些恆星的分子雲都不大，使這些年輕恆星集團擁有的主序星質量都不大，使天文學家得以觀察附近暗星雲的本質。因為 R 星協的數量比 OB 星協更豐富，可用以追蹤銀河系中螺旋臂的結構。麒麟 R2 是 R 星協的一個例子，距離太陽約 830±50 秒差距。

LESSON 028　星群

星群，天文學上出現在地球天空上的一種非正式星座形態的恆星集團。像星座一樣，它們基本由一些在相同方向上的恆星組成，但並無物理上的實質關聯性，經常在與地球的距離存在明顯不同。一個星群可由同一個星座的恆星組成，也可是來自多個不同星座的恆星。它們主要由簡單的形狀或少數恆星構成，使它們很容易被辨認。

移動星群

移動星群，在天文學上指具有相似年齡、金屬量和運動（徑向速度和自行）的一群恆星。因此，在移動星群中的恆星可能幾乎在同一時間從同樣的氣體雲中形成，但它們組成的星團隨即被潮汐力打亂掉。多數恆星在擁有數打至數十萬顆成員的星協或星團中形成。這些星協和星團會隨時間的流逝而失去一些組織鬆散但性質相近的成員，成為移動星群。移動星群有些很年輕（5000萬年，天龍座AB移動星群），也有的很老（20億年，HR1614移動星群）。

LESSON 029 星族

星族是銀河系及任一銀河外星系內大量天體的某種集合。按恆星在星系裡的分布、所處演化階段和物理特性，可分為兩個星族。星族Ⅰ分布在銀河系和其他螺旋星系的盤狀部分和旋臂上，主要是青白色星、主星序裡的星和疏散星團裡的星；星族Ⅱ分布在球狀星團裡、橢圓星系裡和螺旋星系的核心部分，包括紅巨星、天琴RR型變星和亞矮星。星族Ⅰ恆星的金屬含量比星族Ⅱ多，可能較年輕。

在太陽附近，星族Ⅰ恆星主要沿圓形軌道繞銀河系的中心運動，星族Ⅱ恆星的軌道主要是橢圓形的。星族Ⅰ如同太陽包含豐富的比氫和氦重的元素；星族Ⅱ相對較少，僅含有少量重元素。天文學家稱它們為貧金屬星，它們都很古老，但仍然含有源於第一代恆星的少量碳、氧、矽及鐵。

第一星族

第一星族星指富金屬星，是年輕的恆星，金屬量最高。如地球的太陽就是富金屬，它們通常都在銀河系的螺旋臂內。一般來說，最年輕的恆星，越極端的第一星族星被發現的位置越在最周邊。如此類推，太陽被認為位居第一星族星的中間。第一星族星有規則的繞銀心的橢圓軌道和較低的相對速度。高金屬量的第一星族星更適於產生行星系統，而行星，尤其是類地行星，則由富含金屬的吸積盤形成。

第三星族星

第三星族星指無金屬星，是假設中的星族，是在早期宇宙中應形成的極端重和熱，並不含金屬的恆星。它們的存在經由宇宙中非常遙遠的重力透鏡星系找到間接證據，它們的存在也是基於宇宙大霹靂不可能創造重元素。

LESSON 030 星系

恆星系，或稱星系，是宇宙中龐大的星星之「島嶼」，也是宇宙中最大、最美麗的天體系統之一。迄今為止，人們已在宇宙觀測到約 1000 億個星系。它們中有的離人們較近，可清楚觀測到它們的結構；有的極之遙遠，目前所知最遠的星系離人們約 130 億光年。

螺旋星系

螺旋星系外形呈旋渦結構，有明顯核心，核心呈凸透鏡形。核心球外是一個薄圓盤，有幾條旋臂。

螺旋星系是目前觀測到的數量最多、外形最美麗的一種星系。它的形狀很像江河中的旋渦，因此得名。螺旋星系的旋臂裡含有大量藍巨星、疏散星團和氣體星雲。仙女座星系 M31 便是一個典型的螺旋星系，且離銀河系很近（距太陽 220 萬光年），用肉眼能隱約看到它，宛如天穹上漂浮著的一片薄雲。

棒旋星系

一種有棒狀結構貫穿星系核的螺旋星系，在星系分類中用符號 SB 表示，以區別於正常螺旋星系 S。在全天的亮星系中，棒旋星系約占 15%。在運動方面，棒旋星系的核心常為一個大質量的快速旋轉體，運動狀態及空間結構複雜，棒狀結構內部和附近氣體和恆星都有非圓周運動；星系盤在星系的外部似乎居主要地位，占星系質量的很大比例。

透鏡狀星系

透鏡狀星系在哈伯星系分類中介於橢圓星系和螺旋星系間的星系，其形狀呈扁平盤狀，類似橢圓星系；但同時旋臂結構不明顯，類似螺旋星系。

橢圓星系

橢圓星系外形呈正圓形或橢圓形，中心亮，邊緣漸暗。按外形又分為 E0 ～ E7 這樣八種次型。橢圓星系是銀河外星系的一種，呈圓球型或橢球型。中心區最亮，亮度向邊緣遞減，距離較近的橢圓星系，可用大型望遠鏡分辨出周邊的成員恆星。

不規則星系

不規則星系指外形不規則，沒有明顯的核和旋臂，沒有盤狀對稱結構或看不出有旋轉對稱性的星系，用字母 Irr 表示。在全天最亮星系中，不規則星系占 5%。

矮星系

所有星系中最常見的就是矮星系。矮星系也是光度最弱的一類星系，因此在五萬秒差距之外看不到。其絕對星等分為 -8 至 -16 等。矮星系質量只有 1010 顆太陽質量。

類星體

1960 年代，天文學家發現一種奇特天體，從照片看如恆星但不是恆星，光譜似行星狀星雲又不是星雲，發出的無線電波如星系又不是星系，因此稱其為「類星體」。

類星體是宇宙中最明亮的天體，比正常星系亮一千倍，直徑約只有一光天。這些類星體被認為是在早期星系尚未演化至較穩定階段時，當物質被導入主星系中心的黑洞增加「燃料」而被「點亮」。類星體具有很大的紅移，顯示它正以飛快的速度在遠離而去。類星體離人們很遠，約在幾十億光年外，可能是目前發現的最遙遠天體。

耀變體

一種密度極高的高變能量源，被假定是處於寄主星系中央的超大質量黑洞。耀變體是目前已觀測到的宇宙中最劇烈的天體活動現象之一。許多耀變體在噴流的數個秒差距內出現超光速運動現象，這可能由相對論性衝擊波造成。

耀變體的星可分為兩種

一種是高變類星體，也被稱為光學劇變類星體（為類星體中的一類）；一種為蠍虎座 BL 型天體。還有少量耀變體可能屬於「過渡耀變體」類型，即兼具光學劇變類星體和蠍虎座 BL 型天體的某些特徵。

電波星系

有明顯電波輻射的星系，都可叫作電波星系。電波星系往往是星系團中最亮的成員星系，質量很大。電波星系的電波連續譜一般有偏振，譜指數平均為 0.75。

電波輻射具有非熱性質，源於相對論性電子在磁場中運動時產生的同步加速輻射。有些電波星系的電波輻射流量和偏振常有變化。

電波星系的電波形態可分為緻密型、核暈型、雙瓣型、頭尾型及包含多個子源的複雜型，大多為橢圓星系、巨橢圓星系和超巨橢圓星系。有些電波星系還發出強烈的紅外輻射和 X 射線。

衛星星系

衛星星系指受引力影響而環繞另一個大星系運行的星系。在一對互繞星系中，如其中一個大於另一個，大的就是「主要的」星系，較小的就是衛星。如果兩個星系幾乎是一樣的大，則會被稱為雙星系系統。大麥哲倫星系就是銀河系最大的衛星星系。

星系由數量龐大的天體（如恆星、行星、星雲）組成，雖然彼此之間並無直接連結，但它有個質量中心，代表所有質量的平均位置。這就像日常所有的物質都有質量中心，就是所有組成的原子質量平均所在的位置。

特殊星系

特殊星系指形態和結構不同於哈伯序列中正常星系的銀河外星系。該類星系的特殊性主要由星系核的活動和主星系同伴星系之間的相互擾動造成。

特殊星系根據歷史情況、發現者的姓氏命名，可分為類星體、塞佛特星系、N 型星系、電波星系、馬卡良星系、緻密星系、蝎虎座 BL 型天體、有多重核的星系和有環的星系等。現在已知上述各類之間有重迭、交錯的情況。如馬卡良星系中至少有 10%可歸入塞佛特星系，N 型星系中有很多屬於電波星系。

環星系

環星系是外觀上有向環狀的星系，環中包含大質量、相對較年輕且極端明亮的藍色恆星，中央區域僅有少量且昏暗的物質。因為大部分環星系中心都很空洞，所以天文學家相信環星系是較小的星系穿越大星系的中心後形成的，這種碰撞是很少會發生恆星之間實際的碰撞，但穿越過大星系時造成的引力的擾動可能導致波動促成恆星的形成。

相互作用星系

相互作用星系指互相之間相互作用的星系。假如兩個或多個星系碰撞或靠得太近，它們之間會發生相互作用，其結果可能是相互作用的星系合併或形成特殊的形狀和排列。

一般星系合併（尤其是原星系的合併）發生在宇宙中星系比較密集、彼此之間相互速度較慢的地方。假如相撞的兩個星系之間的速度比較高，它們往往會互相之間穿過對方。有時星系也會在近距離交錯而過。橢圓星系往往由盤狀星系，尤其是螺旋星系合併形成。

現在的星系當中只有 1%～ 2% 的星系還在合併過程中。相互作用星系的特徵，是它們間的相互作用激發星系內活動，以及本來星系內部的自轉抵消引力導致的收縮平衡受到相互作用的干擾。

LESSON 031 星系群

由於萬有引力的影響，巨大的星系往往會聚集在一起，成群出現，構成星系群或星系團。而且，星系的這種「群居」習慣比恆星更甚，絕大部分星系（至少 85% 以上）都是出現在星系團中的。當然，這樣的「部落」大小不一，包含的星系個數相差也極為懸殊。小的只有十幾個或幾十個，也稱為星系群，比如我們銀河系所在的本星系群；多的可以有幾千個，甚至上萬個成員星系，比如後發星系團。像這樣的大部落一般都有一個或幾個「首領」—— 巨橢圓星系，它位於團中央，四周聚集著它的「親信」—— 橢圓星系或透鏡星系，而螺旋星系和不規則星系則散布在更加周邊的區域。通常，這些星系

「部落」在空間分布上也會三五成群，形成「群落」，這就是所謂的超星系團了。

銀河系便屬於一個以它為中心的星系群，稱本星系群，它包括仙女星系、麥哲倫星雲和三角星系等約四十個星系。星系團還可構成更高一級的成團結構 —— 超星系團。本星系群即是以室女星系團為中心的包括五十個左右星系團和星系群組成的本超星系團的一個成員。

星系團是比星系更大、更高一級的天體系統，星系在自成獨立系統的同時，以一個成員星系的身份參加星系團的活動。一般把超過一百個星系的天體系統稱做星系團，一百個以下的稱為星系群。星系團和星系群沒有本質的區別，只是數量和規模上的差別而已，它們都是以相互的引力關係而聚集在一起的。

各星系團的大小相差不是很大，就直徑來說最多相差一個數量級，一般為 1600 萬光年上下，星系團內成員星系之間的距離，大體上是百萬光年或稍多些。目前已觀測到的星系團總數在一萬個以上，離得最遠的超過 70 億光年。銀河系與數十個星系成團，這就是本星系群。

LESSON 032 超星系團

超星系團是由若干個星系團聚在一起構成的更高一級的天體系統，又名二級星系團。

通常，一個本星系群就同附近的五十個左右星系群和星系團構成本超星系團。超星系團大多具有扁長形，其長徑約 60 ～ 100 百萬秒差距。

超星系團的存在，說明宇宙空間的物質分布至少在100百萬秒差距的尺度上是不均勻的。1980年代後，天文學家發現宇宙空間中有直徑達100百萬秒差距的星系很少的區域，稱為空洞。超星系團同巨洞交織在一起，便構成了宇宙大尺度結構的基本圖像。

本星系群所在的超星系團稱為本超星系團。較近的超星系團有武仙超星系團、北冕超星系團、巨蛇－室女超星系團等。

小知識

大尺度結構

大尺度結構在物理宇宙學中是描述可觀測宇宙在大範圍內（典型的尺度是十億光年）質量和光的分布特徵。巡天和各種不同電磁波輻射波長的調查和描繪，特別是21公分線，獲得了許多宇宙結構的內容和特性。結構的組織看起來是跟隨著等級制度的模型，以超星系團和絲狀結構的尺度為最上層，再大的似乎就沒有連續的結構了，這所指的就是大尺度結構現象。

天文學中，絲狀結構是宇宙中目前已知的最大結構，一個典型的絲狀結構的長度是70～150百萬秒差距，這些絲狀結構組成了宇宙中空洞的邊界。絲狀結構由星系構成；其中的一些星系又因為和其他眾多星系組合的特別緊密而形成了超星系團。

CHAPTER 05

太陽系外大範圍天體

LESSON 033 星周物質

星周物質是指在恆星周圍與恆星有演化聯繫、並明顯受恆星引力約束的物質，主要由氣體和塵埃粒子組成。雙星的兩子星間的氣流也叫星周物質。被星周物質包圍的有中心星，形成氣體雲、星周包層或氣殼。其分布一般呈球形，也有盤形或環形結構。

星周物質或源於原始星際雲，或源於恆星演化過程中的物質拋射。在恆星形成早期階段，不是所有星際雲都收縮成恆星，由於動力學的不穩定性，大量殘餘物質遺留在恆星周圍，以及爆發變星、新星和超新星的爆發活動，雙星中的質量交流，均是星周物質的來源。

行星際物質

指填充在太陽系的物質，太陽系內的較大天體，如行星、小行星和彗星都運行其間。行星際空間雖然空，但並非真空，其中分布著極稀薄氣體和極少量塵埃。在地球軌道附近的行星際空間中，每立方公分平均約含有五個正離子（絕大部分為質子）及五個電子。此外，還充斥著來自太陽、行星以及太陽系以外的電磁波。

太陽風是行星際物質的主要來源。太陽風是從日冕發出的一種電漿流。日冕具有100～200萬度的高溫，就連太陽那種強引力也無法永遠維繫該種熾熱氣體。就某種意義上說，行星際物質可看作是日冕的稀薄延伸。

終端震波

指太陽風由於接觸到星際介質而開始減速的區域，是受太陽影響的空間中最周邊邊界。在終端震波處，太陽風內的粒子與星際介質相互發生作用，速度由每小時 70 ～ 150 萬英里的速度迅速降低到次音速以下，發生壓縮，溫度升高，磁場也就發生了變化。

終端震波的位置距離太陽約 75 ～ 90 天文單位，並隨閃焰等太陽活動的不同而改變。在背離太陽的方向上，終端震波隨在日球層頂之後，這是太陽風粒子被星際介質擋住的地方，當艏震波通過之後，來自星際介質的粒子就不再被激發了。

日鞘

太陽圈的周邊結構受太陽風和星際空間風共同作用影響。當太陽風從太陽表面向四面八方流出，在地球附近的速度約每秒數百公里。在遠離太陽的某個距離上，至少超越過海王星的軌道，這股超音速的氣流減速並遭遇星際介質。在太陽系內，太陽風以超音速速度向外傳送。在產生終端震波時，太陽風速度降至音速（約 340 公尺／秒）下，成為次音速。一旦低至次音速，太陽風也許會受周圍星際介質的流體影響，壓力導致太陽風在太陽後方形成像彗星的尾巴，稱日鞘。日鞘距太陽 80 ～ 100 天文單位。

日球層頂

又稱太陽風層頂，是天文學中表示源於太陽的太陽風遭遇到星際介質而滯留的邊界。

太陽風在星際介質（來自銀河的氫和氦氣體）內吹出的氣泡被稱為太陽圈，該氣泡的邊界通常稱為日球層頂，並被認為是太陽系的外層邊界。

艏震波

由太陽在星際介質中運動而引起。艏震波是太陽風與行星的磁層頂相遇處形成的激波，如太陽風與地球磁場相遇時形成的艏震波。

地球的艏震波距離地球大約九萬公里，厚度約 100 ～ 1000 公里。艏震波的判別條件，是此處流體的整體速度從超音速降低到次音速以下。

人們設想太陽在星際介質中運動時同樣會形成艏震波，其前提是星際介質相對於太陽運動速度是超音速，因為太陽風就在以超音速從太陽表面吹出。在日球頂處星際介質與太陽風的壓力達到平衡，太陽風在終端震波處降為次音速。艏震波距太陽約 230 天文單位。

星周盤

星周盤的一氧化碳輻射延伸範圍是地球軌道半徑的五十倍。輻射在靠近恆星的內緣部分逐漸增強。發射峰值約 15 天文單位，然後隨著與恆星距離的減小，輻射漸漸減弱。

LESSON 034 深空天體

在望遠鏡中，恆星是個明亮的光點，就像肉眼所看到的一樣，但更明亮些。比恆星有趣得多，但通常也更難觀測到的是深空天體：星雲、星團和星系。用中等望遠鏡可看到深空天體發出幽靈般、令人難捉摸的光暈。

在業餘天文學上，深空天體指的是天空中除太陽系天體（如行星、彗星或小行星）或恆星的天體。一般來說，這些天體不能被肉眼見到——能用肉眼或雙筒望遠鏡見到的只是其中的極少部分。

梅西耶天體

梅西耶天體指由十八世紀法國天文學家梅西耶編輯《星雲星團表》中所列的 110 個天體。梅西耶本身是個彗星搜索者，他結集這個天體目錄，是為了把天上形似彗星而不是彗星的天體記下，以方便尋找真正的彗星時不會被這些天體混淆。

IC 天體

星雲星團新總表續編，又稱星雲總表，這是個包含星系、星雲和星團的目錄，實際上是星雲星團新總表的補遺。在 1895 年首次出版，至今已列入五千多個天體，這些天體被稱為 IC 天體。該列表由丹麥天文學家德雷耳編撰，總結了在 1888 ～ 1905 年間發現的星系、星雲、星團。

NGC 天體

被業餘天文學中最廣為人知的深空天體目錄之一。它包括近八千個天體，這些天體被稱為 NGC 天體。NGC 是最全面的目錄清單之一，它包括了所有類型的深空天體（不只包括星系）。

LESSON 035 星際物質

星際物質指星體與星體之間的物質。恆星之間的物質包括星際氣體、星際塵埃和各種星際雲，還可包括星際磁場和宇宙線。星際物質的總質量約占銀河系總質量的10%。星際物質的溫度相差很大，從幾K到千萬K。星際物質在銀河系內分布不均勻，不同區域的星際物質密度相差很大。星際物質和年輕恆星高度集中在銀道面，尤其在旋臂中。

星際塵埃

星際塵埃指分散在星際氣體中的固態小顆粒。星際塵埃總質量約占星際物質總質量的10%。星際塵埃質量密度估計約為氣體密度的1%。

星際塵埃可能由矽酸鹽、石墨晶粒以及水、甲烷等冰狀物組成。星際塵埃散射星光，使星光減弱，該現象稱為星際消光。星際消光隨波長增長而增長，星光的顏色也隨之變紅，該現象稱為星際紅化。

星際塵埃對於星際分子的形成和存在具有重要作用。一方面，塵埃能阻擋星光紫外輻射使星際分子不發生解離；另一方面，固體塵埃作為催化劑加速了星際分子的形成。

宇宙塵埃

由眾多細小粒子組成的一種固態塵埃，從宇宙大霹靂起，就四散在浩翰宇宙中。

宇宙塵埃包含矽酸鹽、碳等元素以及水分，部分來自彗星、小行星等星體的崩解而產生的物質。宇宙塵埃對一個天體的誕生會發生影響，如一個星體崩壞後產生的宇宙塵埃，在經過漫長的宇宙旅程後可能與一個正形成的星體撞上，於是又迴圈成為另一個新星體。在太陽系中，木星、土星、天王星、海王星等行星的光環，就是在行星初形成時，碎裂的宇宙塵埃未能融為星球的主體，但又無法擺脫行星萬有引力的牽制而產生圍繞星球的破碎物質。

LESSON 036 星流

星流是沿著一條狹長軌道圍繞星系運動的由眾多恆星組成的鏈狀結構，是球狀星團或者矮星系受到星系引力的巨大潮汐作用而逐漸變形、瓦解、撕裂形成的。

截至 2007 年，已經在銀河系中發現了十多個星流，由幾千到幾億顆恆星組成，跨度從數萬光年到數百萬光年不等。一個典型的星流是 1994 年發現的人馬座星流，包含了大約一億顆恆星，跨度超過 100 萬光年，發源於人馬座的矮橢圓星系。

隨著時間的推移，這些星流會逐漸被銀河系吸收。對星流的研究也表明，銀河系在形成過程中吸積和吞併了眾多矮星系，改變了對傳統星系形成理論的認識。

此外，星流還為研究星系中暗物質的分布提供了有效的途徑。

LESSON 037 星雲

星雲包含除行星和彗星外的幾乎所有延展型天體，其主要成分是氫，其次是氦，並含有一定比例的金屬元素和非金屬元素、有機分子等物質。

星雲是由星際空間的氣體和塵埃結合成的雲霧狀天體，星雲裡的物質密度很低。但星雲體積十分龐大，常方圓達幾十光年，一般星雲比太陽要重得多。

星雲和恆星存在「血緣」關係，恆星拋出的氣體成為星雲的部分，星雲物質在引力作用下壓縮成恆星。在一定條件下，星雲能互相轉化。

最初所有在宇宙中的雲霧狀天體都被稱作星雲。後隨著天文望遠鏡的發展，人們把原來的星雲劃分為星團、星系和星雲三種類型。

星雲的發現

1758年8月28日晚，法國天文學愛好者梅西耶在巡天搜索彗星的觀測中，突然發現一個在恆星間無位置變化的雲霧狀斑塊。梅西耶判斷這塊斑形態類似彗星，但它在恆星之間無位置變化，當然不會是彗星。這是什麼天體呢？梅西耶將這類發現（到1784年前，共有103個）詳細記錄下來。其中，首次發現的金牛座中雲霧狀斑塊被列為第一號，即M1。「M」是梅西耶的字母縮寫。

梅西耶建立的星雲天體序列，至今仍被使用。他的不明天體記錄（梅西葉星表）發表於 1781 年，引起英國著名天文學家威廉·赫雪爾的高度注意。經過長期觀察核實，赫雪爾將這些雲霧狀天體命名為星雲。

行星狀星雲

行星狀星雲指外形呈圓盤狀或環狀，且帶有暗弱延伸視面的星雲，屬於發射星雲的一種。

行星狀星雲主要分布在銀道面附近，受星際消光影響，大量行星狀星雲被暗星雲遮蔽而難以觀測。

行星狀星雲呈圓形、扁圓形或環形，有些與大行星相像，因此得名。它們是如太陽差不多質量的恆星演化到晚期，核反應停止後，走向死亡時的產物。這類星雲的體積在膨脹過程中，最後氣體逐漸擴散消失在星際空間，只留下一個中央白矮星。在行星狀星雲中央，都有一顆高溫恆星，稱為行星狀星雲的中央星。它是正在演化成白矮星的恆星。

著名的行星狀星雲有天琴座環狀星雲等。目前，銀河外星系中也發現大量行星狀星雲，如仙女座星系中發現三百多個行星狀星雲等。

新星殘骸

新星殘骸指恆星在經歷新星的巨大霹靂後殘留下的物質，物質噴發速度約為 1000 公里／秒。因質量低於行星狀星雲和超新星殘骸，所以生命期僅約數個世紀，因而新星殘骸遠比行星狀星雲和超新星殘骸更罕見。

超新星殘骸

哈伯太空望遠鏡拍攝的蟹狀星雲超新星殘骸，是超新星爆發時拋出的物質在向外膨脹的過程中與星際介質相互作用而形成的延展天體，形狀有雲狀、殼狀等。

至2006年，天文學家已在銀河系中發現了兩百多個超新星殘骸，在M31、M33等鄰近銀河外星系中也有發現。

超新星殘骸根據形態可大致分為殼層型（S型）、實心型（F型，又稱類蟹狀星雲型）和複合型（C型），三類超新星殘骸中發生的物理過程大為不同。某些超新星殘骸兼具不同類型的特點，因此在分類上具有很大不確定性。

彌漫星雲

彌漫星雲意即朦朧雲霧。彌漫星雲無規則形狀，也無明顯邊界。實際上，除環狀對稱的行星狀星雲外，所有星雲都可稱作形狀不規則的彌漫星雲。

彌漫星雲平均直徑約幾十光年，大多數彌漫星雲的質量都在十個太陽質量左右。彌漫星雲大致可分為亮星雲、發射星雲。這類星雲發出的紫外線輻射使雲中的氣體游離，星雲也因此發出可見光，如獵戶座大星雲、巨蛇座的天鷹星雲等，都屬於發射星雲。

小知識

原行星雲

原行星雲，或稱前行星雲，是在恆星演化的過程中介於漸近巨星分支晚期和隨後的行星狀星雲之間，生命週期很短的一種天體。一個原行星雲會產生強烈的紅外射線輻射，所以是一種反射星雲。在中等質量恆星的生命週期中，它是演化階段段中倒數第二亮。

LESSON 038 星際雲

宇宙中有無數能發光、發熱的恆星，而發光、發熱的恆星都在不停向星際空間拋撒大量的微細物質，如質子、電子等。這些被恆星拋棄的微細物質，一旦離開恆星就在太空中漫遊，先由質子、電子互相結合，成為單個氫原子或其它原子。在這個過程中，它們吸收恆星發出的光和熱，使太空始終保持在接近絕對零度的低溫。

經過漫長的時間，在一定條件下，在太空中漫遊的以氫等氣體物質為主的微細物質，經過互相碰撞和吸引逐步聚集在一起，形成一團巨大、稀疏的星際雲。

星際雲具有不均勻性，因此不同區域的星際物質密度可相差很大。

暗星雲

暗星雲是銀河系中不發光的彌漫物質所形成的雲霧狀天體，其大小、形狀多種多樣。小的只有太陽質量的百分之幾到千分之幾，是出現在一些亮星雲背景上的球狀體；大的有幾十到幾百個太陽的質量，有的更大。其內部的物質密度也相差懸殊。

分子雲

分子雲是星際雲的一種，它的密度和大小允許分子——最常見的是氫分子——形成。

氫分子很難被直接偵測到，通常是利用一氧化碳偵測氫分子。一氧化碳輻射的光度與分子氫質量的比例幾乎是常數。

包克球

在恆星形成階段中，有時會產生由塵埃和氣體組成的高密度暗雲氣。包克雲通常都在游離氫區內，典型的質量約 1050 個太陽質量，大小約一光年，內部有氫分子、碳的氧化物和氦，還有約 1%（質量）的含矽的塵埃。包克球通常會導致聯星或聚星系統的形成。

包克球在 1940 年代被天文學家巴特 · 包克首度發現。1990 年，恆星被證實在包克球內誕生。包克球內嵌有熱源。

小知識

恆星雲

恆星雲是銀河系內無數微弱星光之恆星形成的現象。這些恆星距地球很遠，就算用望遠鏡觀測也不能把它們分開，它們的星光混成一片，像雲霧一樣。它們不是真的星團，但以觀測者觀點寧可稱它們為星團。這些披著雲氣的恆星並不是真聚集在一起，只是出現在視線相近的方向上。目前最亮的恆星雲在人馬座和盾牌座兩星座之內。

LESSON 039 本地泡

本地泡是在銀河系獵戶臂內的星際物質中間的空洞，其跨越範圍至少有 300 光年。這個炙熱的本地泡擴散氣體輻射出 X 射線，單位體積內所含的中性氫僅有正常值的 1/10。

太陽系已在這個氣泡內旅行了至少 300 萬年，現在的位置在本星際雲或 Local Fluff，氣泡內物質比較密集的一個小區域內。本星際雲的密度大約是每立方公分 0.1 個原子。

多數天文學家相信，本地泡是數十萬年至數百萬年前間的超新星爆炸，將該處星際物質的氣體和塵埃推開而形成，留下了炙熱和低密度的物質。

本地泡在銀河盤面的部分較狹窄，呈橢圓型或卵形；在銀河盤面上的較寬，盤面下的較窄，如同沙漏。

小知識

本星際雲

本星際雲是太陽系正運行在其中的星際雲（約 30 光年大小）。太陽系至少在約 4.4 萬年和 15 萬年前進入其中，並還會繼續在裡面運行一到兩萬年，甚至更久。

該雲氣溫度 6000℃，與太陽表面溫度相似。它還非常稀薄，每立方公分僅有 0.26 個原子，約是銀河系內星際物質密度的 1/5，是本地泡密度的兩倍。

本星際雲位於本地泡和 Loop I Bubble 遭遇之處，太陽和其他少數幾顆恆星位於此處，包括著名的太陽系外的恆星系半人馬座 α、織女星、大角星和北落師門。

LESSON 040 暗物質

暗物質（包括暗能量）被認為是宇宙研究中最具挑戰性的課題，

它代表了宇宙中 90% 以上的物質含量。目前可看到的物質只占宇宙總物質量的 10% 不到。

暗物質無法直接觀測得到，但它卻能干擾星體發出的光波或引力，其存在能被明顯感受到。科學家曾對暗物質的特性提多種假設，但直到目前還未有充分證明。

暗物質的總質量是普通物質的 6.3 倍，在宇宙能量密度中占了 1/4，同時暗物質還主導著宇宙結構的形成。暗物質的本質現在還是個謎。

暈族大質量緻密天體

暈族大質量緻密天體是一些體積小而質量大的重子物質，沒有或只有很少電磁輻射，在星際空間不與恆星系統發生影響。該類天體自身不發光，所以很難被探測到。

該類天體也可能是黑洞、中子星、棕矮星、自由行星、白矮星和非常微弱的紅矮星。透過暈族大質量緻密天體與其他天體的重力透鏡作用，可間接探測到它們。

大質量弱相互作用粒子

一種停留在理論階段的粒子，是暗物質最有希望的候選者。理論預言，這種粒子應具有以下特點：粒子只透過弱力和引力產生相互作用，或粒子的相互作用截面小於弱力作用截面；與普通粒子相比質量較大；由於它們不參與電磁力作用，所以無法被直接探測到；由於它們不參與強力作用，所以它們基本上與普通物質不發生相互作用；由於它們質量較大，較大它們的運動速度相對緩慢，所以能夠成團聚集。

現在，很多實驗在尋找理論上的「大質量弱相互作用粒子」的粒子，它最有可能是暗物質。

CHAPTER 06

星空與星座

LESSON 041 星空

夜幕下，所有的星星東起西落，和太陽的東升西落一樣，它是由地球自轉造成的。每天晚上，在同一時間仰望星空會發現每天看到的星星都不同，夏夜頭頂的星星到了秋夜已走到西天，到了冬夜就完全消失，直到一年後的同一天，它們才又回到原來的位置。南方看到的星星，在北方也許就看不見了。也就是說，地球上不同緯度地區所看到的星空不同。但只要緯度相同，經度不同的地區看到的星空完全相同，只是大家看到它的時間不同而已。東部地區總是先進入黑夜，那裡的人們當然也就先目睹星空了。

遠古時代，人們為了認星，把星空劃分成很多小區域，古巴比倫（現西亞的伊拉克）人將這些區域稱為「星座」。後來，古希臘人將他們所能看到的天空劃分為四十多個星座，他們用假想線條將星座內的主要亮星連接，並想像成動物和人物的形象，和神話故事結合給每個星座取名。到 1928 年，國際天文學聯合會在古希臘星座系統基礎上，正式將全天劃分為八十八個星座。

LESSON 042 和星座有關的天文知識

在開始認識四季的星座之前，我們必須先了解一些和星座有關的天文學知識和天文學名詞，這樣可說明人們更系統的認識和記憶星座和星空。

星座中星的命名規則

星座中星的命名規則是按每顆星的亮度，從明到暗，每顆星各由一個希臘字母代表。當所有二十四個希臘字母用完後，接著再用阿拉伯數字表示。

天球

為與人們的直觀感覺相適應，天文學上把天空假想成一個巨大球面，即為天球。天球的中心自然就是地球，其半徑無窮大。天球是人們的一種假設，是一種「理想模型」，引入天球概念，是為了確定天體的位置。

天球赤道和天極

天文學上，透過經緯座標系來確定天體位置。其中最常用且最重要的天球座標系，就是赤道座標系。地球赤道所在平面與天球的交線是一個大圓，該圓被稱為「天球赤道」，它是赤道在天球上的投影；向南北兩個方向無限延長地球自轉軸所在直線，與天球形成兩個交點，分別叫作北天極和南天極。天球赤道和天極是天球赤道座標系的基準。

黃道與黃道星座

太陽在天球上的視運動分周日視運動和周年視運動。周日視運動，即太陽每天的東升西落現象，其實質是由於地球自轉而引起的一種視覺效果；周年視運動，指地球公轉所引起的太陽在星座之間的「穿行」現象。

天文學將太陽在天球上的周年視運動軌跡，稱為「黃道」，即地球公轉軌道面在天球上的投影。太陽在天球上沿黃道一年轉一圈，為方便確定位置，人們將黃道劃分成十二等分（每等分相當於30°），每等分用鄰近的一個星座命名，稱為黃道星座或黃道十二宮。這樣，等於把一年劃分成十二段，在每段時間裡太陽進入一個星座。在西方，一個人出生時太陽正走到哪個星座，就說此人是這個星座的。

由於只有在白天才能看到太陽，而看不到星星，所以太陽走到哪個星座，就恰好看不見這個星座。即說，在人們過生日時，反而看不到自己的所屬星座。

赤經、赤緯：在天球赤道座標系中，天體的位置根據規定通常用經緯度來表示，稱作赤經（α）、赤緯（δ）。由於赤道和地球的公轉軌道面（黃道）不重合，二者間有23°左右的夾角（天文學中稱為「黃赤交角」）。這樣，天球赤道和黃道就有兩個交點，且這兩個交點在天球上固定不變。黃道自西向東從赤道以南穿到赤道以北的那個交點，在天文學中稱之為「春分點」，透過這一點的經線定為天球赤道座標系經線的0°。

赤經不分東經、西經，它從0°開始自西向東到360°。它的單位是時間單位時、分、秒，範圍是0～24時。天球赤緯以北緯為正，南緯為負。

恆顯圈、恆隱圈：地球上不同緯度的地區看到的星座不一樣。對於某一地點，有些星座是永遠也看不到的，而有些星座在該地一年四季都看得見。對於一個地方來說，到底哪些星座能看到，哪些星座看不到呢？

假設一個地點緯度是φ，那麼赤緯小於（90°-φ）的天體在該地就永遠看不到；凡是赤緯大於（90° -φ）的天體，在該地總能看到。

因此，在天文學上將赤緯（90° -φ）稱為該地區的「恆顯圈」，赤緯（90° -φ）叫做該地區的「恆隱圈」。

赤道上沒有「恆隱圈」，在赤道上各個位置的天體都看得見。在地球的南北兩極，卻始終只能看到半個天空，另一半天空則永遠看不到，這兩處擁有地球上最大的「恆隱圈」。

歲差

地球如一個旋轉的陀螺，而陀螺在旋轉時，它的軸不垂直於地面而完全不動，而是在微微晃動，該種現象在物理學上稱為「進動」。地球也如此，它的自轉軸在天空中的方向不斷變化，而非總指向某一固定點，天文學稱之為歲差。

章動

地球自轉軸在空間繞黃極作歲差運動時，還伴隨許多短週期變化。

1748 年，英國天文學家布拉德雷分析了二十年恆星位置的觀測資料後，發現了章動現象。而月球軌道面位置的變化是引起章動的主要原因。章動的主週期項，即 18.6 年章動項，是振幅最大項，它主要由白道運動引起白道的升交點沿黃道向西運動，約 18.6 年繞行一周所致。所以，月球對地球的引力作用也有相同週期變化，在天球上它表現為天極在繞黃極作歲差運動時，還圍繞其平均位置作週期為 18.6 年的運動。同樣，太陽對地球的引力作用也有週期性變化，並引起相應週期的章動。

天體「自行」

古人觀測天空，看到水星、金星、火星、木星、土星，發現這五顆星的位置總在變化，在天上不停走來走去，因此稱它們為「行」星。而對另一類星，它們在天上的位置看上去始終固定不變，所以稱它們為「恆」星。

實際上，恆星並非固定不變，它們也在運動，天文學上稱之為恆星的「自行」。如果恆星的運動與視線平行，人們是看不出來的。所以，自行的真正定義應是恆星運動垂直於視線的分量。

恆星自行的絕對速度往往比行星的運動速度快得多，只是除太陽外的恆星距離人們太遙遠，它們跑得再快，從地球上也看去跟靜止差不多。但經過上萬年後，恆星的位置變化就變得較明顯了。

恆星的顏色與其表面溫度的關係

和太陽一樣，其他所有恆星也是熾熱的大火球，但它們的表面溫度並不相同。天文學家發現，恆星的表面溫度越高，它發出的光線的顏色越偏向紫色；溫度越低，越偏向紅色。所以可透過恆星的顏色，較為粗略地判斷出該恆星表面溫度的相對高低。

LESSON 043 春季星空

春季星空中，北方天空的北斗七星（即大熊座α、β、γ、δ、ε、ζ、η星）亮度都比較大，很容易被找到。

從北斗七星出發，可找到春季主要亮星：連接斗口的兩顆星（β和α），並延長到這兩顆星距離五倍遠之處，可找到較為明亮的北極星（小熊座α星）；沿斗口的另外兩顆星δ和γ連線，向西南循跡，可找到很亮的軒轅十四（獅子座α星）。

順著斗柄上幾顆星（δ、ε、ζ、η）的曲線延伸出去，可畫成一條大弧線，延此弧線可找到橙色亮星大角（牧夫座α星），繼續南去，可找到另一顆亮星角宿一（室女座α星），再繼續向西南，可找到由四顆小星組成的四邊形，即是烏鴉座。這條始於斗柄、終於烏鴉座的大弧線，就是著名的「春季大曲線」。

由大角、角宿一和獅子座β星構成的三角形，稱為「春季大三角」。由春季大三角和獵犬座α星構成的不等邊四邊形，被稱為「春季大鑽石」。

大熊座

在地球上不同緯度地區，看到的星座也不同。在北緯40°以上的地區，一年四季都可見到大熊座。而在春天，大熊座正處於北天高空，是四季中觀看它的最佳時節。

在中國古代，把大熊星座中的七顆亮星看成一個勺子的形狀，即為常說的北斗七星。η、ζ、ε這三顆星是勺把；α、β、γ、δ這四顆星構成勺體。大熊座的「勺子」更容易被看出來，這個大勺子一年四季都在天上，不同季節勺把指向不同，一季指一個方向，即「斗柄東指，天下皆春；斗柄南指，天下皆夏；斗柄西指，天下皆秋；斗柄北指，天下皆冬。」遠古人們就用這種辦法估測四季。不過由於地球的自轉，要到晚上八點多才能看到這一現象。

大熊座是北方天空中最醒目、最重要的星座。中國古代天文學家給北斗七星的每一星都起了專門名字，並特別把斗身的 α、β、γ、δ 四星稱為「魁」。魁即傳說中的文曲星，古代，它是主管考試的神。

從勺柄數起第二顆 —— ζ 星，中國古代稱為開陽星。它旁邊近處有一顆暗星，該暗星叫大熊座八十號星，古人見它如同開陽星的衛士，就稱它做輔。開陽星和輔構成一對雙星。

小熊座

從大熊座北斗斗口的兩顆星 β 和 α 引一直線，一直延長到距離它們五倍遠處，有一顆不很亮的星 —— 小熊座 α 星，它是著名的北極星。一年四季，不管北斗的勺柄指向何方，β、α 兩星間的連線總伸向北極星。中國古代稱這兩顆星為指極星。

將小熊座的主星連起來，形似小北斗。小熊座的「北斗」七星中除了 α、β 是二等星，γ 是三等星以外，其它幾顆都小於四等，所以人們平時只注意到北極星。

北極星恰在地球自轉軸的方向，所以古時人們在大海中航行，在沙漠、森林、曠野上跋涉，總是求助於它來指示方向。今天，北極星在天文測量、定位等許多方面仍有重要應用。

其實，北極星和北極點之間存在 1°的距離，所以它是近似地被人們視為北極點。如果站在地球北極，這時北極星就在人們頭頂正上方。在北半球其他地方，人們看到北極星永遠在正北方的相同位置上不動。而由於地球的自轉和公轉，北天星座看上去每天、每年都繞北極星轉一圈。尤其是北斗，勺口指向北極星，並不停繞它旋轉。

牧夫座

沿大熊座北斗勺將三星曲線向南，幾乎在勺把長度兩倍處有一顆亮星，為牧夫座 α 星，中國古代稱為大角。古希臘人把牧夫座想像一個兇猛的獵人，右手拿著長矛，左手高舉，恨不得一把抓住面前的大熊。暮春初夏時，牧夫座恰在人們頭頂。

大角的視星等為 -0.04，是全天第四亮星，北天第一亮星，也是天上的一盞明燈。它散發出柔和的橙色之光，升起和落下時更染上淡淡的紅暈，被人們譽為「眾星之中最美麗的星」。

獵犬座

從大熊座北斗的 α 星和 γ 星引出一直線，延向大角方向約兩倍處，可找到獵犬座 α 星。它與獅子座 β 星和牧夫座大角組成一個等邊三角型，用這個辦法也可找到獵犬座 α 星。

獵犬座中除了 α 星（2.9 等）和 β 星（4.3 等）外，全都是暗星，所以該星座很難看出獵犬的樣子。

晴夜，在獵犬座 α 星和大角連線中點處可找到一顆非常黯淡的星，有時甚至得藉助小望遠鏡才能看到。但實際上它並非一顆星，而是二十多萬顆星聚在一起的星團。該星團呈球形，直徑達 40 光年，在天文學上稱為「球狀星團」。

室女座

沿大熊座北斗勺把兒的弧線，可找到牧夫座 α 星。沿該曲線繼續向南，經過差不多同樣的長度，可看見室女座 α 星，中國古稱角宿一。連接北斗 α 星和 γ 星，延長到七八倍遠處，也可看到角宿一。

室女座是全天第二大星座，其中角宿一是 0.9 等星，還有四顆 3 等星，其餘都是暗於 4 等的星，所以該星座在天上並不耀眼。由於角宿一，才使室女座這個春天著名的黃道大星座不太黯淡（室女座在黃道星座中也被稱為「處女座」）。

角宿一是全天第十六亮星，它和大角及獅子座 β 星構成一個醒目的等邊三角形，稱為「春季大三角」。春季大三角和獵犬座 α 星組成的菱形被稱為「春季大鑽石」。

天秤座

天秤座位於室女座東南方，屬於黃道星座，但它的亮星很少，秤的形象不明顯，該星座並不引人注目。星座中最亮的四顆3 等星，α、β、γ、σ組成一個四邊形，其中，β 星和春季大三角構成一個大菱形。

南船座

船尾座、船底座、船帆座和羅盤座原是同一個星座 —— 南船座的四個部分。在古希臘神話中，它們合稱為南船座，是全天最大的星座。肉眼能看到該星座星八百多顆，幾乎相當於全天可見星數的 1/8。

十八世紀，天文學家把南船座拆成四塊，分別是船尾座、船底座、船帆座和羅盤座。這些位於南天的星座的亮星很少，所以很不容易觀測。

船底座 α 星的視星等為 -0.72 等，是全天第二亮星。船底座 α 星，中國古代稱「老人星」， 象徵壽星。羅盤座最亮的星只有 4 等，是個暗星座。

巨爵座

一個暗星座，位於室女座西南，座中幾顆「亮星」構成個酒杯狀，其中最亮的四顆四等星 α、β、γ 和 δ 形成不規則四邊形，該四邊形大致與春季大三角構成一個菱形。

后髮座

一個黯淡的小星座，其中最亮的星只有 4 等。但該星座幾顆主星正在獵犬座 α 星、牧夫座的大角和獅子座 β 星連成的三角形中，因此找起來不會太難。后髮座在天文學上地位重要，因為在該處有一個著名星系團。后髮座星系團的成員有一萬多個，距地球三億多光年。

獅子座

黃道星座。由於存在歲差，在四千多年前的每年六月，太陽的視運動正好經過獅子座。現在的六月，太陽的視運動已到了金牛座與雙子座之間。

春夜，透過春季大三角找到獅子座 β 星，它東邊的一大片星，都屬於獅子座。在獅子座中，δ、θ、β 這三顆星構成一個很明顯的三角形，這是獅子的後身和尾巴；從 ε 到 α 這六顆星形成鐮刀形狀，是獅子的頭。連接大熊座的指極星（ㄅㄇ兩星）向與北極星相反方向延伸，即可找到它。α 星中國叫軒轅十四，其視星等為 1.35 等，是獅子座最亮的星，也是全天第二十一亮星。它和大角、角宿一形成一個等腰三角形，延長大熊座 δ 和 γ 星到十倍遠處可找到它。古代航海者常用它確定航船在大海中的位置，所以獅子座 α 星又被授予「航海九星之一」的稱號。

獅子座的軒轅十四位於黃道附近，它和同樣處在黃道附近的金牛座畢宿五、天蠍座的心宿二和南魚座的北落師門，在天球上各差約90°，恰好每個季節一顆，它們被合稱為黃道帶「四大天王」。

每年11月中旬，尤其是14、15日夜晚，在獅子座ζ星附近，會有大量流星出現，即為著名的獅子座流星雨。它約每33年出現一次極盛。

長蛇座

全天88個星座中最大的一個，它的頭在獅子座西面，彎曲盤至室女的腳下，赤經跨越100°以上，每年春季4、5月間，它幾乎從東到西橫貫整個南天。長蛇座中最亮的α星，只有2等，它在獅子座α星（軒轅十四）西南，由於附近沒有亮星，這顆並不很亮的紅色星便顯得奪目，古阿拉伯人因此稱它為「孤獨者」。

巨蟹座

巨蟹座在獅子座西邊，長蛇頭北，是黃道十二星座中最暗的一個，座內最亮星只有3.8等，無法看出螃蟹形狀。

在巨蟹座中央的δ星附近（或獅子座軒轅十四和雙子座β星兩亮星之間），可看到一小團白色霧氣，透過望遠鏡觀測到，它原來是一個星團，天文學上稱為「鬼宿星團」。該星團有兩百多顆星，距地球520光年。

烏鴉座

烏鴉座位於巨爵座東面，室女座和長蛇座尾巴之間。烏鴉座亮星很少，烏鴉的形象不明顯。座內最亮的四顆 3 等星構成一個不規則小四邊形，其中，γ 星和 δ 星正指向室女座的角宿一。從大熊座的北斗勺把兒延伸出的曲線經過大角、角宿一，最後在小四邊形處中止，這條弧線被稱為「春季大曲線」。

LESSON 044 夏季星空

「夏季大三角」是夏季星空的重要標誌，它由從北偏東地平線向南方地平線延伸的光帶 —— 銀河，以及三顆亮星：銀河兩岸的織女星（天琴座 α 星）、牛郎星（天鷹座 α 星）和銀河中的天津四（天鵝座 α 星）構成。在沒有燈光干擾的野外，可看到極為壯美的夏季銀河。

由織女星沿銀河岸邊南去，可看到一顆紅色亮星心宿二（天蠍座 α），它和十幾顆星組成一「S」形曲線，即為夏季著名的天蠍座，蠍尾浸沒在銀河的濃密處。

由牛郎星沿銀河南下，可找到人馬座，其中六顆星組成「南斗六星」，與西北天空大熊座的北斗七星遙相對應。人馬座部分由於處在銀河系中心，銀河最是寬闊明亮。

由織女星和牛郎星的連線向東南方向繼續延伸，可找到由暗星組成的摩羯座。沿天津四與織女星連線去向西南方，可找到武仙座。武仙座以西的七顆小星，圍成半圓形，即為美麗的北冕座。

武仙座

在牧夫座大角和天琴座織女星的連線上有兩個星座，一為北冕座，另一個靠近織女星的為武仙座；或者連接天鵝座 α 星和織女星並延長到一倍遠處也可找到武仙座。天空中武仙座並不明顯，最亮的只是 3 等星。

在武仙座 η 星和 ζ 星之間靠近 η 星處，有一著名大星團，其亮度相當於4等，所以在晴朗的夜空可看到它。該星團離地球3.4萬光年，呈球形，直徑有 100 多光年，越到裡面星越密集，星團中心恆星的密度是太陽系附近恆星密度的幾百倍。天文學家估計，它的成員有 100 多萬個，但很多在大型望遠鏡裡都無法看到。

太陽除繞銀心「公轉」外，還帶著人們以每秒約 19.5 公里的速度飛奔向武仙座方向。

天蠍座

夏夜八、九點鐘時，南方離地平線不很高處有一亮星，為天蠍座 α 星。因為這時南邊低空中多為暗星，所以它非常明顯。找到 α 星，天蠍座其他部分就不難辨認了。

天蠍座是夏天最顯眼的星座，星座裡亮星群集，4 等亮星有二十多顆。可以說，天蠍座是夏夜星座的代表。再由於它是黃道星座，更令人注目。但天蠍座只在黃道上占據 7°範圍，是十二個星座中黃道經過最短的。

整個天蠍座沉浸在銀河裡。α 星位於蠍子胸部，西方稱它為「天蠍之心」。中國古代，把天蠍座 α 星劃在二十八宿的心宿裡，稱為「心宿二」。心宿二發出紅光如同火焰，因此中國古代也叫它「大火」。心宿二位於黃道附近，它和同樣處在黃道附近的金牛座畢宿五、獅子座的軒轅十四和南魚座的北落師門四亮星，在天球上各相差約 90°，正好每個季節一顆，被稱為黃道帶「四大天王」。

天箭座

天箭座位於天鵝座和天鷹座之間的銀河裡，是全天最小的星座之一，星座裡沒有亮星，很難被識別。它四顆最亮的 4 等星構成一支短箭，與天鷹座的那根「扁擔」 正好垂直。

天琴座

夏夜，在銀河西岸一顆很明很亮的星，和周圍的一些小星一起組成天琴座。天琴座不大，但在天文學上非常重要。中國古代把天琴座中最亮的 α 星叫做織女星。在織女星旁邊，由四顆暗星組成的小菱形則是織女織布用的梭子。

織女星的視星等為 0.05 等，是全天第五亮星。它離地球 26 光年遠，是第一顆被天文學家準確測定距離的恆星。由於歲差的緣故，北極星總是輪流值班，等再過 1.2 萬年，織女星就是那時的北極星了。

天琴座裡也有很著名的流星雨，出現在每年 4 月 19 日～ 23 日，尤以 22 日最盛。4 月下旬，天琴座在凌晨 4 ～ 5 點時升到天頂。

天鷹座

在銀河東岸，與織女星遙相對應處，一顆比織女星稍微暗的亮星是天鷹座α星，即牛郎星。牛郎星的視星等為0.77等，是全天第十二亮星。它和天鷹座β、γ星的連線正指向織女星，中國古代把β、γ星看做是牛郎用扁擔挑著的兩個孩子。

牛郎星和織女星相距達16光年之遙，每年七月初七，半個月亮正在銀河附近，月光使人們看不見銀河，古人便以為這時天河消逝了。

天鵝座

天鵝座全身都浸在銀河中，它的幾顆亮星搭成一個十字形，就像一隻在天河上展翅翱翔的美麗白天鵝。

天鵝座α星，中國古代稱天津四，其視星等為1.25等，是全天第二十亮星，它和織女星、牛郎星構成醒目的「夏夜大三角」。

天鵝座RR型變星，是一顆短週期造父型變星，其亮度變化原理類似仙王座δ星（即「造父一」），只是週期很短，只有0.05～1.5天。天鵝座χ-1星，是一個有名的「X射線源」。

人馬座

人馬座，黃道星座（該星座在黃道星座中被稱為「射手座」），夏夜，從天鷹座的牛郎星沿銀河向南即可找到它。由於銀心在人馬座方向，所以這部分銀河最寬最亮。

人馬座中的μ、λ、φ、σ、τ、ζ六星形成一勺狀，勺子最前端的ζ和τ兩星的連線指向牛郎星，中國古代把這六星稱為「南斗」。南斗六星只有一顆2等星，其它都是3～4等暗星，所以看上去不那麼了然。

人馬座正對著銀心方向，星座裡多星團和星雲。在南斗 σ 和 λ 兩星連線向西延長一倍處，可看到一小團雲霧樣東西，這其實是個星雲。透過望遠鏡裡，可以看到它由三塊紅色光斑組成，被稱為「三葉星雲」。人馬座裡還有不少星雲，如在南斗斗柄 μ 星的北面的「馬蹄星雲」。

蛇夫座

蛇夫座是唯一位於黃道，卻不屬於「黃道星座」的星座。他和牛郎星（天鷹座）、織女星（天琴座）構成等腰三角形。

蛇夫座經過黃道，並橫跨天球赤道，且有部分浸在銀河中，大概是全天 88 個星座裡絕無僅有的一個。蛇夫座最引人注目的是一顆肉眼看不見的星，這顆星在蛇夫座 β 星東邊，視星等僅 9.5 等，它由美國科學家巴納德在 1916 年首先發現，天文學家就以發現者的名字命名它為巴納德星。

巴納德星離太陽系只有 5.87 光年，是距地球第二近的恆星。巴納德星自行快，一般恆星的自行一年還不到 1 度（3600 角秒），巴納德星的自行一年是 10.3 秒，相當於只需 180 年它就可在天上通過一個月亮直徑的距離。它人們已知的自行最大的恆星。

現在，巴納德星正向太陽系方向運行，再過幾千年，它會成為離地球最近的恆星了。巴納德星周圍可能有行星存在。

巨蛇座

巨蛇座是全天 88 個星座中唯一被分成兩部分的星座。它的一半在蛇夫座東面，是巨蛇的尾巴，沿銀河伸向牛郎星；另一半在蛇夫座西邊，是巨蛇的頭，緊挨著牧夫座和北冕座；巨蛇中間部分，被蛇夫座大鐘的底部所掩蓋。

巨蛇座內最亮的星只有 3 等，該星座雖長，但不顯眼。

天龍座

天龍座彎彎曲曲，像反寫的「S」，從大熊、小熊座之間一直盤繞到天琴座附近，其頭就在天琴座旁邊。只要連接夏季星座天琴座和天鷹座中的織女星和牛郎星，向北延伸到它們間距的 1/3 處，就可看見巨龍的頭。龍頭由四星構成一小四邊形。織女星是 0 等星，牛郎星是 1 等星，而這四顆星依次大體上是 2、3、4、5 等星。

連接大熊座北斗七星的第三、第四顆星，即 γ 和 δ 星，延長到間距兩倍處，那顆黯淡小星即為天龍座 α 星（4 等星）。四千多年前，它是那時天上的北極星。

北冕座

北冕座位於牧夫座和武仙座之間。在天琴座織女星和牧夫座大角連線靠近大角處，有一顆 2.4 等星為北冕座 α 星。北冕座內的七顆小星構成一個美麗華冠。

LESSON 045 秋季星空

「飛馬當空，銀河斜掛」，是秋季星空的特點。

秋季星空，可從頭頂方向的「秋季四邊形」（又稱「飛馬——仙女大方框」）開始，這個四邊形近似正方形，當它在頭頂方向時，其四條邊恰好各代表一個方向。秋季四邊形由飛馬座的三顆亮星（α、β、γ）和仙女座的一顆亮星（α）構成，很是醒目。

將四邊形東側邊線延向北方天空（即由飛馬座 γ 星延向仙女座 α 星），經仙后座，可找到北極星，沿此基線延伸向南，可找到鯨魚座的 β 亮星。

將四邊形西側邊線延向南方天空（即由飛馬座的 β 星延向 α 星），在南方低空可找到亮星北落師門（南魚座 α 星），沿此基線延伸向北，可找到仙王座。

從秋季四邊形東北角沿仙女座延向東北，可找到由三列星組成的英仙座。秋季四邊形的東南面是雙魚座和大的鯨魚座。仙王、仙后、仙女、英仙、飛馬和鯨魚諸星座，構成燦爛的王族星座，這是秋季星空的主要星座。秋季四邊形西南面是寶瓶座和摩羯座。

秋季星空的亮星較少，多為仙女座銀河外星系（M31）這樣的深空天體。

飛馬座

飛馬座是秋季星空中很重要的星座，其顯著特點是它的 α、β、γ 三星和仙女座 α 星構成一個近似正方形，被稱為「秋季四邊形」。該四星除 γ 星為 3 等外，其他都是 2 等星，所以這個四邊形在天空中非常耀眼。每當秋季飛馬座升到天頂時，這個大四邊形的四條邊恰好各代表一個方向。

連接飛馬座 γ 星和仙女座 α 星，延長到四倍遠處可找到北極星；連接飛馬座 α 星和 β 星延長到四倍遠處也可看到北極星。因為秋天北斗七星中的指極星在北方很低的天空，不容易被找到，而透過秋季四邊形找北極星是有效方法。

從飛馬座 γ 星、仙女座 α 星一直到北極星這條線正在赤經 0°線附近。透過該線，可略算出秋季星空中天體的經度值。

英仙座

延長飛馬座 α 星和仙女座 α 星到兩倍遠處，有一個 1.8 等亮星，即為英仙座中最亮的 α 星。

英仙座的明顯標誌是由 η 星開始，經過 γ、α、δ、ε 星，一直到 ξ 和 ζ 星所畫的這條大弧線。由大弧線兩端的 η 星和 ζ 星連成的弦的中央是英仙座 β 星，中國古代稱大陵五。大陵五的亮度忽明忽暗，但變化非常有規律，每隔 2 天 20 小時 49 分鐘，它的亮度就從 2.3 等到 3.5 等，爾後再到 2.3 等，變化一個週期。古阿拉伯人注意到它的變光現象，將大陵五叫做「林中魔王」。

延長英仙座大弧線頂端的 γ 和 η 星到一倍遠處，有一塊模糊光斑。它是兩個疏散星團，由於彼此距離很近，如同雙星，形成一個雙重星團。

英仙座也有一個流星雨，是一年中最顯著、出現日期最可靠的一個。它位於大弧線 γ 星北部，每年 7 月 27 日到 8 月 16 日出現，8 月 12 日為最盛期。但這時英仙座上中天已是早晨了，要想看流星雨，得再早點兒，當英仙座位置較偏時才合適。

仙女座

構成秋季四邊形的 α 星是仙女座中最亮的一顆，從四邊形中飛馬座 α 星到仙女座 α 星的對角線，延向東北，仙女座 δ、β、γ 這 3 顆亮星（除 δ 是 3 等外，其他兩顆都為 2 等星）幾乎就在這條延長線。再延伸向前，就是英仙座的大陵五。大陵五與英仙座 α 星、仙女座 γ 星正好構成一個直角三角形。

仙女座 γ 星是雙星，其主星是顆 2.3 等的橙色星，伴星為 5.1 等的黃色星。該伴星是「變色龍」，從黃色、金色到橙色、藍色變來變去。

晴夜，在仙女座 υ 星附近，可看到一小塊青白色雲霧，是仙女座大星雲。該星雲早在 1612 年就被天文學家發現了，但直到 1920 年代，美國天文學家哈伯才徹底明白，它是遠在 220 萬光年外的一個大星系，所以它應被稱為「仙女座銀河外星系」。

仙女座銀河外星系直徑為 17 萬光年，包含 3000 多億顆恆星。和銀河系類似，仙女座銀河外星系呈旋渦狀，有很多變星、星團、星雲等。它和它身旁的兩個小星系，一起構成一個三重星系。

仙王座

仙王座處於恆顯圈內，一年四季都可被看到。但該星座中最亮的星還不到 2 等，要找到它並不容易。

延長秋季四邊形中飛馬座的 α 和 β 星一直到北極星，其間有個五邊形，是仙王座中的五顆主要亮星。其中最亮的 α 星視星等為 2.5 等，由於歲差，在西元前 5500 年時，它將成為那時的北極星。

仙王座中 δ 星最引人注目，中國古代稱它造父一。它是顆變星。造父一的變光週期非常準，為 5 天 8 小時 46 分鐘 39 秒，最亮時 3.5 等，最暗時 4.4 等。

仙后座

仙后座位於恆顯圈內，一年四季都可被看到。延長秋季四邊形的飛馬座γ星和仙女座α星向北，是仙后座2等的β星（沿這條線再向北可看到北極星）。仙后座中最亮的β、α、γ、δ和ε五星構成一個英文字母「M」或「W」狀，是為仙后座最顯著標誌。

仙后座的「W」與北斗七星隔北極星遙相呼應，當秋季仙后座升到天頂時，北斗正在天空最低處。沒有北斗，可連接δ星和ε與γ星的中點，延伸向北，即可找到北極星。

1572的11月11日，在仙后座突然出現一顆在白天都可看到的新星。該星出現三週後，開始逐漸變暗，直到17個月後的1574年3月，才從人們的視野中消失。這種突然出現「亮星」現象，在天文學上稱為「超新星爆發」。

鯨魚座

全天88個星座中僅次於長蛇座、室女座和大熊座的第四大星座。延長秋季四邊形的仙女座α星和飛馬座γ星向南到兩倍遠處，可見鯨魚座中最亮的2等β星。由於附近天區並無亮星，這顆星就顯得很耀眼。鯨魚座僅有一顆亮星。

鯨魚座的o星是一顆很重要的變星，它最亮時能達到2等，最暗時可到10等——這時就得用望遠鏡看了，因此西方人稱它是「奇異之星」。

鯨魚座o星，中國古代稱為蒭藁增二，是人們在1596年8月最早發現的變星，後來逐漸變暗，兩個月後消失於人們的視野。1619年2月，人們再次發現它。之後，它又逐漸變暗，幾個月後又消失在茫茫星空。後來天文學家終於知道，它是顆週期為 330 天的變星。330 天只是個平均數，它的變光週期不固定，最短可到 310 天，最長達 355 天。

寶瓶座

把飛馬座的 β 和 α 星延伸向南到 1.5 倍遠處，有一片暗星，這大片暗星就組成了寶瓶座。寶瓶座是黃道星座（在黃道星座中，寶瓶座被稱為「水瓶座」），但卻無亮星，最亮的僅 3 等。

寶瓶座每年會出現兩次流星雨，一次於 5 月上旬出現在 η 星附近，5 月 5 日是其最盛期，它由哈雷彗星造成；另一次在 7 月下旬出現在 δ 星附近，在 7 月 31 日達到最高潮。

太陽系的九大行星之一海王星，就是在寶瓶座的方位發現的。

摩羯座

摩羯座是黃道星座，它裡面最亮的星只是兩顆 3 等星。延長織女星和牛郎星，向南到一倍遠處可見一顆 3 等星，是摩羯座中最亮的 β 星。摩羯座座內主要亮星組成一個北邊略凹陷的三角形，如同振翼夜空的蝙蝠。

β 星北面附近的一顆 4 等星是摩羯座 α 星，中國古代叫它牽牛星，是二十八宿中的牛宿（牛宿就是牛郎養的那頭老牛）。牽牛星是一對雙星，每顆子星又分別是三合星。這樣，牽牛星可稱為六合星。

雙魚座

黃道星座，最亮星是 4 等星。雙魚座中位於秋季四邊形正南的幾顆星可看成是一條魚（西魚），四邊形的飛馬座 β 星和仙女座 α 星延長向東 1 倍處碰到的幾顆暗星是另一條魚（北魚）。位於兩魚之間的，以 α 星為頂點的「V」是拴魚的繩子。在天球上，黃道與天球赤道存在兩個交點，其中黃道由西向東從天球赤道的南面穿到天球赤道的北面所形成的那個交點，天文學上稱為「春分點」。目前，這個「春分點」就在雙魚座內。

南魚座

南魚座裡面有亮星。沿秋季四邊形的飛馬座 β 和 α 星一直向南，可發現一顆亮星，是南魚座 α 星。它和西邊一些暗星構成一條魚的形狀，α 星正是魚嘴。

南魚座 α 星，中國古代稱為「北落師門」，其視星等為 1.2 等，是第十八亮星。秋季的亮星很少，在南天，它幾乎是最亮的一顆。在周圍大片暗星映襯下，它熠熠有光，獨立超拔。如在夜晚上 8 ～ 9 點鐘在東方地平線附近看到它，那就意味著秋天到了。

南魚座的亮星北落師門（南魚座 α 星）位於黃道附近，它和同樣處在黃道附近的金牛座畢宿五、獅子座的軒轅十四、天蠍座的心宿二四顆亮星，在天球上各相差大約 90°，恰好每個季節一顆，被稱為黃道帶「四大天王」。

海豚座

一個既小又暗的星座，位於秋季四邊形和牛郎星（天鷹座）之間靠近牛郎星處。座內 α、β、γ、δ 四星構成一個小的菱形。在中國古代神話中，這個菱形是織女和牛郎分手時，織女留給牛郎的自己用過的織布梭子。

LESSON 046 冬季星空

一年四季之中，冬季的星空是最壯麗的。冬天的亮星最多，不少星座易於辨認。最引人注目的是高懸於南方天空的獵戶座：夾在紅色亮星參宿四（獵戶座 α 星）和白色亮星參宿七（獵戶座 β 星）之間的三星（獵戶座 δ、ε、ζ）很是吸引人。

沿三星向南偏東去，可找到全天最亮的天狼星（大犬座 α 星）。在參宿四正東，有一顆亮星南河三（小犬座 α 星）。參宿四、天狼星和南河三組成「冬季大三角」，銀河從中穿過，這部分銀河是全天銀河中最黯淡的部分。

沿獵戶座三星向西北去，可找到一顆紅色亮星畢宿五（金牛座 α 星），畢宿五附近的幾顆小星屬於有名的「畢星團」。再繼續向北天去，可看到由 6 ～ 7 顆小星組成的「昴宿星團」，它們都屬於金牛座。金牛座東北，是五邊形的御夫座，御夫座主星五車二也是一顆亮星。

沿參宿七和參宿四的連線向東北去，可找到兩顆亮星，分別是北河三（雙子座 β 星）和北河二（雙子座 α 星）。將五車二、北河三、南河三、天狼星、參宿七、畢宿五連接，可組成頗為壯觀的「冬季大六邊形」。

獵戶座

獵戶座是冬夜星空中最易於辨認的星座。座中 α、γ、β 和 κ 四星組成一個四邊形，在其中央，δ、ε、ζ 三星排成一條直線。它們是獵戶座中最亮的七星，其中 α 和 β 星是 1 等，其他的全是 2 等星。

獵戶座中最亮的是 α 星，是全天第六亮星；獵戶座 β 星在全天的亮星中排第八。每年 1 月底 2 月初晚上 8 點多時，獵戶座內連成一線的 δ、ε、ζ 三顆星高掛南天，俗語有「三星高照，新年來到」的說法。

在獵戶座中，最著名的天體是大星雲。它位於三星正南方一點，視星等為 4 等，看上去像團白霧。

在獵戶座 ζ 星附近還有個星雲，旁邊既無星照亮，也無紫外輻射發光，它遮住了一個亮星雲發出的光，從而使人們能看到其輪廓 —— 馬頭形，因此該星雲又稱馬頭星雲，它是個典型的暗星雲。

獵戶座裡面有流星雨，位置在 ζ 星和 α 星的連線延長向北一倍處。它出現在每年的 10 月 17 日到 10 月 25 日，最盛期 10 月 21 日。它一樣由哈雷彗星引起。

大犬座

從獵戶座三星向東南方去，一顆全天最亮的恆星在放射光芒，它就是大犬座 α 星，古代叫它天狼星。天狼星視星等為 -1.45 等，距地球只有 8.6 光年。

在古埃及，當天狼星在黎明時從東方地平線升起（這種現象在天文學上稱為「偕日升」），正是一年一度尼羅河水氾濫時，河水的氾濫灌溉了兩岸大片良田，於是埃及人開始了他們的耕種。由於天狼星的出沒和古埃及的農業生產息息相關，所以那時的人們視它若神明，並把黎明前天狼星自東方升起的那一天定為歲首。現在使用的「西曆」，最早就是從古埃及誕生的。

小犬座

小犬座很小，裡面有一亮星 α 星，延長獵戶座 γ 和 α 星向東到三倍遠處，即可看到 α 星，它的視星等為 0.37 等，是全天第九亮星。小犬座 α 星在中國古代叫南河三，它和天狼星、獵戶座 α 星一起構成一等邊三角形，即為著名的「冬季大三角」。

天兔座

天兔座位於獵戶座正南，座內最亮的四顆 3 等星 α、β、ε 和 μ 組成一個不規則四邊形，其中 α 和 μ 這條邊與獵戶座 κ 和 β 這條邊的距離，跟 κ 和 β 與獵戶三星的距離相近。

金牛座

在獵戶座西北方不遠的天區，有一顆亮度為 0.86 等星（在全天亮星中排第十三位），是金牛座 α 星，中國古代稱為畢宿五。

金牛座，黃道十二星座之一，其畢宿五就位於黃道附近，它和同樣處在黃道附近的獅子座的軒轅十四、天蠍座的心宿二、南魚座的北落師門等四顆亮星，在天球上各相差約 90°，恰每個季節一顆，被稱為黃道帶「四大天王」。

「兩星團加一星雲」是金牛座中最有名天體。連接獵戶座 γ 星和畢宿五，向西北方延長至一倍左右處，有一疏散星團 —— 昴宿星團，可看到該星團中的七顆亮星，中國古代稱它為「七簇星」。昴宿星團距離地球 417 光年，其直徑達 13 光年，透過大型望遠鏡觀察，可發現昴宿星團成員有 280 多顆星。

另一個疏散星團叫畢星團，位於畢宿五附近，但畢宿五不是它的成員。畢星團距地球143光年，是離地球最近的星團。肉眼可看到畢星團5～6顆星，但它的成員約有三百顆。

金牛座ζ星附近，是一個著名的大星雲，英國天文學家據它的形狀將其命名為「蟹狀星雲」。蟹狀星雲是1054年的一次超新星爆發的產物。該次超新星爆發，在中國古代天文學文獻裡有詳盡的記載。

白羊座

每年12月中旬晚上的八、九點時，白羊座正在人們頭頂。它個很暗的小星座。秋季星空的飛馬座和仙女座的四顆星組成一個大方框，從方框北面兩星引一條直線，向東延長一倍半處，即可看到白羊座。白羊座也是黃道星座。

御夫座

在獵戶座和金牛座北面天區，有一個醒目的五邊形，它由御夫座ι、α、β、θ星和金牛座β星五顆亮星構成。御夫座的一半浸沒在銀河中，主星α星在中國古代稱為「五車二」，它的視星等為0.08等，是全天第七亮星，在冬季星空中很是引人注目。

五車二是一顆食雙星，亮度變化介於2.92～3.83等。其變光週期長達9892天（27.1年），是已知食雙星中最長的。

波江座

全天第六大星座，始於獵戶座和鯨魚座之間，向南彎曲延伸，一直流到赤緯 -50°以南。座內大部分星都在極低空出現，不太好認。

波江座中最亮的 α 星，在中國古代稱「水委一」，視星等為 0.46 等，是全天第十亮星。

雙子座

著名的「黃道十二星座」之一。延長獵戶座 β 星和 α 星連線向東北，可碰到兩顆相距不遠的亮星，其中亮些的是雙子座 β 星，亮度為 1.14 等。稍暗的是雙子座 α 星，亮度為 1.97 等。從 α 星開始的 τ、ε、μ 一串星和從 β 星開始的 δ、ζ、γ 另一串星幾乎平行。

β 星，中國古代稱為「北河三」，它 α 星還亮，是全天第十七亮星。α 星，中國古代叫「北河二」，是天文學史上第一顆被確認的雙星。確切地說，它是由六顆星組成的「六合星」。北河三也是六合星，α 星與 β 星不愧是雙胞胎。

小知識

水母星雲

蜿蜒而又纏繞的燈絲狀物質，由熾熱氣體形成，該形狀暗示了該星雲的通俗稱呼，那就是水母星雲。

水母星雲也稱 Abell21，是雙子座內一個較老的行星狀星雲，距離地球約 1500 光年。這個行星狀星雲所處的階段是類似太陽的低質量恆星演變的最後階段，也就是它將從紅巨星轉變成白矮星，擺脫外層氣體的階段。從熾熱恆星放射出的紫外線激發了星雲，並使它發光發熱。據估計，水母星雲大小約有 4 光年多。

CHAPTER 07

天文台

LESSON 047 天文台

天文台是專門進行天象觀測和天文學研究的機構，世界各國天文台多設於山上。每個天文台都擁有一些觀測天象的儀器設備，主要是天文望遠鏡。

天文台選址

天文台的主要工作是用天文望遠鏡觀測星星。地球被大氣包圍，星光要通過大氣才能到達天文望遠鏡。空氣中的煙霧、塵埃及水蒸氣波動等，對天文觀測都會產生影響。尤其在大城市附近，夜晚的城市燈光照亮空氣中的微粒，使天空帶有亮光，妨礙天文學家觀測較暗的星星。在遠離城市的地方，塵埃和煙霧較少，雖然情況好些，但仍不能完全避免這些影響。

由於地勢越高，空氣越稀薄，煙霧、塵埃和水蒸氣越少，影響就越少，所以天文台多設在山上。

現在，世界上公認的三個最佳天文台台址都設在高山之巔：夏威夷茂納凱亞山頂，海拔 4206 公尺；智利安地斯山，海拔 2500 公尺山地；大西洋加納利群島，2426 公尺高的山頂。

天文台分類

天文台可分為光學天文台、無線電天文台和太空天文台。

光學天文台主要裝備各光學天文儀器，如光學天文望遠鏡、太陽鏡等，用於從事方位天文學或天體物理學方面的研究。

無線電天文台一般主要由巨型、超巨型無線接收設備和基站等構成，裝備電波望遠鏡，其觀察範圍更大，受干擾小，用於從事電波天文學的研究。

太空天文台主要由一些用於太空觀測的人造衛星組成，同時配備非常先進的光學觀測系統。

小知識

天文台圓頂

為了便於觀測，人們將天文台觀測室設計成半圓形。在天文台裡，人們透過天文望遠鏡觀察太空，天文望遠鏡非常龐大，不能隨便移動。

天文望遠的鏡觀測目標分布在天空的各個方向，如果採用普通屋頂，很難使望遠鏡隨意指向任意方向上的目標。天文台的屋頂造成圓球形，並在圓頂和牆壁接合部裝置由電腦控制的機械旋轉系統，就使觀測研究變得十分方便。這樣，用天文望遠鏡進行觀測時，只要轉動圓形屋頂，把天窗轉到要觀測的方向，望遠鏡也隨之轉到同一方向，再上下調整天文望遠鏡鏡頭，就能使望遠鏡指向天空中任何目標。

如不需用望遠鏡時，只要將圓頂上的天窗關閉，即可保護天文望遠鏡不受風雨侵襲。

當然，並不是所有天文台的觀測室都要做成圓形屋頂，有些天文觀測只要對準南北方向進行，觀測室就可造成長方形或方形，在屋頂中央開一條長條形天窗，天文望遠鏡就可進行工作。

LESSON 048 愛爾蘭紐格萊奇墓

紐格萊奇墓約建於新石器時代，西元前 3200 年左右。這種心形墓堆由九十七塊鑲邊石塊圍成，鑲邊石上雕刻著許多謎一般的圖案。

在冬至當天黎明，會有一束陽光穿過頂部開口射入墓室。隨著太陽的升高，陽光充滿整個墓室。這一奇特現象持續將十七分鐘左右。

一圈十二塊豎立的巨石圍繞著紐格萊奇墓。也許原本還有更多，但如果是這樣的話，它們也在很久以前就被搬走了。石圈的用途目前並不清楚，但天文學家們普遍認為它具有明確的天文用途。但無論怎樣，石圈都是紐格萊奇墓建造的最後一步。

LESSON 049 印度德里古天文台

印度是世界四大文明古國之一，那裡的天文學起源甚早。由於農業生產需要，早在大約三千年前，印度人創立了自己的曆法，並產生了獨具特色的宇宙理論。但他們不重視對天體的實際觀測，從而忽視天文儀器的使用和製造，在很長一段時期內僅有平板日晷和圭表等簡單儀器。直到 18 世紀，印度才在德里等地建立天文台。

德里古天文台建於 1724 年，有十幾件巨型灰石或金屬結構的天文儀器。

LESSON 050 英格蘭巨石陣

巨石陣，又稱環狀列石、太陽神廟、史前石桌等，是歐洲著名的史前時代文化神廟遺址，座落在英格蘭威爾特郡索爾茲伯里平原，約建於西元前四千至西元前兩千年，屬新石器時代末期到青銅時代。

這個巨大的石建築群位於一塊空曠的原野上，占地約十一公頃，主要由許多整塊的藍砂岩組成，每塊約重五十噸。巨石陣不僅在建築學史上具有重要地位，在天文學上也同樣有重大意義：它的主軸線、通往石柱的古道和夏至日早晨初升的太陽，處於同一條線。另外，其中還有兩塊石頭的連線指向冬至日落方向。於是人們猜測，這很可能是遠古人類為觀測天象而建造的，可算是天文台的最早雛形。

LESSON 051 馬雅天文台

馬雅人是美洲印第安人的一支，約在西元前一千年左右開始創立自己的文化，具有高度發達的農業、數學、天文學和宗教禮儀。

馬雅人有自己的天文觀測台。這是一組建築群，從一座金字塔上的觀測點向東方的廟宇望去，就是春分、秋分日出的方向；向東北方向的廟宇望去，就是夏至日出的方向；向東南方向的廟宇望去，就是冬至日出的方向。類似的建築群，在馬雅文化遺址地域還發現了好幾處。

LESSON 052 契琴伊薩天文台

著名的「橢圓形天文台」，又稱「蝸牛」，得名於圓柱形建築內部螺旋狀的石頭階梯。

天文台座落於契琴伊薩遺址上。在天文台的邊緣，放著很大的石頭杯子，馬雅人在裡面裝上水並透過反射來觀察星宿，以確定他們非常複雜且極為精確的日曆系統。

在從西元前 6 世紀到馬雅古典時期間，契琴伊薩是馬雅的主要城市，當中部低地及南方的城市衰敗後，契琴伊薩更到達其發展和影響力頂峰。到後古典時期，契琴伊薩的建築主題中明顯增加中部墨西哥「托爾特克」的風格。這一現象的最初被解釋為來自中部墨西哥的直接移民乃至入侵，但當代多數說法認為這些「非馬雅」風格是由於文化的傳播所致。

LESSON 053 卡斯蒂略金字塔

著名的卡斯蒂略金字塔建立在契琴伊薩遺址上。在春季和秋季的晝夜平分點，日出日落時，建築的拐角在金字塔北面的階梯上投下羽蛇狀陰影，並隨太陽的位置在北面滑行下降。

在金字塔頂端的神廟中，有許多精心雕刻的圖案，馬雅人可據此判斷春分、秋分、冬至、夏至的到來。

該金字塔高 30 公尺，呈長方形，上下共九層，最上層是一神廟。金字塔的台階總數加一個頂層正好是 365 級，代表一年的天數。台階兩側有寬一公尺多的邊牆，北面邊牆下端刻著一個高 1.43 公尺、長 1.8 公尺、寬 1.07 公尺的帶羽毛蛇頭，蛇嘴裡吐出一條長 1.60 公尺的大舌頭。每年春分、秋分當天下午，一個蛇影就會出現在塔上。

LESSON 054 祕魯查基洛天文台遺址

著名的祕魯石塔，美洲最古老的太陽觀測台，約建於西元前三百年的查基洛遺址。

長期以來，考古學家對祕魯沿岸一處山上的十三座石塔的重要性存在爭議，但有一點毋庸置疑，即這些石塔是美洲最古老的太陽觀測站。十三座保存完好的矩形石塔，位於首都利馬以北 400 公里的考古遺址查基洛。天文學家稱，站在觀察點的人，會在不同日子看到太陽在不同石塔位置的日出及日落，如夏至時太陽會在最右邊的石塔右方升起；冬至時，會在最左邊的石塔左方升起。

LESSON 055 韓國慶州瞻星台

慶州瞻星台是亞洲現存最古老的天文台，建於西元 7 世紀。它高約 9.4 公尺，由 365 塊花崗岩分 27 層搭建而成。

瞻星台形狀尤其奇特，看起來像一個瓶子，中部有一扇窗。慶州瞻星台是一座石結構建築，它的直線與曲線搭配非常和諧，1962 年 12 月 20 日被韓國指定為第 31 號國寶。

慶州瞻星台主要用於觀測天空中的雲氣和星座，當時人們透過星空測定春分、秋分、冬至、夏至等 24 節氣，而井字石推測是用以指定東西南北方位的基準。考古學家認為，慶州瞻星台的 365 塊岩石可能暗指一年的 365 天。

LESSON 056 河南告成觀星台

告成觀星台是中國現存最古老的天文台，座落在河南省，約始建於1276年，創建者為中國元代著名天文學家郭守敬。告成觀星台的技術至少領先歐洲三百年。

觀星台高12.6公尺，底部有一面帶有雕刻的矮牆，用於幫助天文學家觀測日影的長度。告成觀星台是磚石混合結構建築，台體平面方形，下大上小，呈覆斗狀。台北面設兩個對稱的梯道口，梯道的邊沿築圍欄一周，順磚砌壁，紅石壓頂並造六十級石階，可盤旋登臨台頂。

告成觀星台是一座具有重要科學研究價值的古代科學遺跡，反映了元代天文儀表革新的巨大成就。

LESSON 057 登封觀星台

河南登封觀星台是中國古代的天文觀測台，位於河南省登封縣城東南十五公里處，始建於元朝初年（1279年前後），是中國現存最早的古天文台建築。

觀星台用途等同於測量日影的圭表。它高聳的城樓式建築相當於一根直立於地面上的竿子，台下正北方的「長堤」是一把用以度量日影長度的「量天尺」。台上有兩間小屋，一間放著漏壺，一間放著渾儀，兩室之間還有一個橫梁。每日正午，太陽光將台頂中間橫梁的影子投在「量天尺」上。冬至當天正午的投影最長，夏至當天正午的投影最短；從一個冬至或夏至到下一個冬至或夏至，是一個迴歸年的長度。

中國古代採用這種方法測定一年的長度，為指定曆法奠定了基礎。元朝傑出的天文學家郭守敬曾在該地主持過測量工作。經考證，除了測量日影和記時的功能外，當年的觀星台上可能還有觀測星象的設施，並有過在該地觀測北極星的記錄。

LESSON 058 京古觀象台

北京古觀象台位於北京建國門立交橋西南角，始建於明朝正統年間（1442 年左右），是世界上古老的天文台之一。它以建築完整、儀器精美、歷史悠久，以及在東西方文化交流中的獨特地位而聞名於世。

北京古觀象台在明朝時被稱為「觀星台」，台上陳設有簡儀、渾儀和渾象等大型天文儀器，台下陳設有圭表和漏壺。清代時將觀星台改稱「觀象台」，辛亥革命後改為中央觀星台。

清康熙、乾隆年間，天文台上先後增設八件銅製的大型天文儀器，都採用了歐洲天文學度量制和儀器結構。從明朝正統年間到 1929 年止，北京古觀象台連續從事天文觀測達五百年，在世界上現存的古觀象台中保持有連續觀測最久的歷史記錄。

古觀象台還以建築完整、儀器配套齊全在國際上久負盛名。清造的八件大型銅製天文儀器體形巨大，造型美觀，雕刻精湛。除造型、花飾、工藝等方面具有中國傳統特色外，在刻度、游表和結構方面還反映了西歐文藝復興時代以後大型天文儀器的發展和成就，是東西方文化交流的歷史見證。它們不僅是實用的天文觀測工具，還是舉世無雙的歷史文物珍品。

現在北京古觀象台已改建成北京古代天文儀器陳列館，屬北京天文台，繼續在科學、科普領域發揮重要作用。

LESSON 059 馬丘比丘古城天文台

馬丘比丘天文台位於一座高山山脊上，約建於 1460 年，是南美印第安人印加文明的重要象徵。

16 世紀，由於西班牙人的入侵，馬丘比丘成為一座廢城。其標誌性建築之一，就是「史前石塔」，它是一個帶有曲線石牆的特殊造型建築物。這座古城天文台之所以選擇建造在這裡，可能是因為其獨特的地理、地質。

據說，馬丘比丘背後的山的輪廓，代表印加人仰望天空的臉，山的最高峰「瓦納比丘」代表他的鼻子。印加人認為不該從大地上切削石料，因此從周遭尋找分散的石塊建造城市。一些石頭建築連灰泥都不曾使用，完全靠精確的切割堆砌來完成，修成的牆上石塊間縫隙不到一毫米寬。

石塔圍著一塊精心雕刻的怪石建立。據說在夏至當天，太陽升起後陽光會穿過一個窗戶進入石塔。同時，透過該窗戶還可觀測昴宿星團形狀，這被印加人用以決定馬鈴薯的下種時間。由於獨特的位置、地理特點和發現時間較晚，馬丘比丘成為印加帝國最為人熟知的標誌。

1983 年，聯合國教科文組織確定馬丘比丘為世界遺產，是世界上為數不多的文化與自然雙重遺產之一。但同時，馬丘比丘也面臨旅遊業遭受破壞的擔憂。

LESSON 060 海爾天文台

海爾天文台位於美國加利福尼亞州聖地牙哥東北 1706 公尺高的帕洛馬山山頂，1948 年投入使用。

該台擁有口徑 5 公尺的反射望遠鏡；一台 1.2 公尺施密特望遠鏡，負責尋找電波源的光學對應物及超新星爆發。1970 年安裝了一台 60 英寸反射望遠鏡，用以觀測和研究暗天體。著名的帕洛馬天圖就是用施密特望遠鏡拍攝的。

這架 5 公尺望遠鏡自 1948 年投入使用後，從來都是世界上最優秀的望遠鏡之一，對星系學、超新星、電波源以及紅外天文學等方面的研究起著極為重要的作用。1.2 公尺施密特望遠鏡擔負著尋找電波源對應物、探討超新星爆發、星系演化等繁重的觀測任務。

1969 年，為紀念美國天文學家喬治．海耳，威爾遜山天文台和帕洛馬山天文台合併為海耳天文台。

LESSON 061 威爾遜山天文台

威爾遜山天文台位於美國加利福尼亞州帕薩迪納附近的威爾遜山，海拔 1742 公尺，距離洛杉磯約 32 公里，是 1904 年在美國天文學家海耳的領導下，由卡耐基華盛頓研究所建立，首任台長海耳。他在就任時，將葉凱士天文台的一架 40 英寸（1.01 公尺）口徑的望遠鏡帶到了這裡。

此外，該天文台還擁有一台口徑為 2.5 公尺的望遠鏡、一台口徑為 1.5 公尺的望遠鏡、一架口徑 150 英尺太陽望遠鏡。

1969 年，為紀念美國天文學家海耳，威爾遜山天文台和帕洛馬山天文台合併成海耳天文台。

LESSON 062 茂納凱亞山天文台

茂納凱亞山天文台位於美國夏威夷群島大島上的茂納凱亞頂峰，是世界著名的天文學研究場所。其所有設施都在毛納基的科學保留區，被特別稱為「天文園區」的土地內，占地 500 英畝。

天文園區在 1967 年設立，由夏威夷大學管理處承租該區土地，並由許多國家合作在科學和技術上投資美金 20 億。天文園區座落在對夏威夷文化有歷史意義的土地上，成為歷史保存行動要保護的土地，因為夏威夷的歌謠歷史故事稱茂納凱亞是夏威夷人祖先的發源地。他的高度和孤立在太平洋中央，使茂納凱亞成為在地球上進行天文觀測的重要陸上基地，對次微米、紅外線和光學，均是理想的觀測之地。

在視象度上的統計，顯示在光學和紅外線上都有很好的影像品質，如加法夏望遠鏡一般都有 0.43 角秒的解析度。

為讓研究人員適應環境，在海拔 2835 公尺處建立了天文學家中心，並為訪客在 2775 公尺建立遊客中心。茂納凱亞的高度使科學家或訪客必須在此處停留至少 30 分鐘，才能在抵達山頂前適應高山環境。

LESSON 063 凱克天文台

凱克天文台位於美國夏威夷州的茂納凱亞山 4145 公尺的頂峰，擁有世界上口徑最大的光學／近紅外線望遠鏡 —— 凱克望遠鏡。凱克望遠鏡由兩台相同的望遠鏡組成，每台口徑均為 10 公尺，由 36 片口徑 1.8 公尺的六角形鏡片組成。

每架凱克望遠鏡的架台都設計成經緯儀式樣，大量電腦分析得以使用最少的鋼材獲得最大強度，每架望遠鏡重約 270 噸。在望遠鏡上的每個接合處，都由非常強固的鋼架結構支撐，並由可翹曲的鞔具系統保持穩定。望遠鏡安裝有主動光學系統，在觀測時，聯結在電腦的感測器和控制系統，能調整每片鏡片和相鄰鏡片的位置偏差達 4 毫米的準確性。每秒兩次的調整可有效矯正來自重力所造成的變形。

每架凱克望遠鏡都裝有自我調整光學系統，能抵償大氣抖動的影響。另外，凱克 I 和凱克 II 還可做為凱克干涉儀；相隔 85 公尺的距離，使它們聯合作業時在特定方向上的解析力相當於口徑 85 公尺的單一望遠鏡，比得上其他天文干涉儀的解析力。

凱克天文台由位研究天文而成立的加利福尼亞協會管理，理事來自加州大學和加州理工學院的非營利組織。1996 年，美國國家航空暨太空總署加入成為天文台的一個夥伴。望遠鏡基地是由總部設在檀香山夏威夷大學向當地土著承租的。私人凱克基金會贊助 1.4 億美金建造望遠鏡。凱克天文台總部設在夏威夷的卡姆艾拉，望遠鏡的使用時間由工作夥伴共同分享。

2001 年 3 月 12 日，兩架凱克望遠鏡開始用於光干涉觀測，成功觀測了位於天貓座的恆星 HD61294，其等效解析度等同於一台口徑 85 公尺的望遠鏡。

LESSON 064 雷射干涉重力波天文台

美國分別在路易斯安那州利文斯頓和華盛頓州漢福德建造的兩個重力波探測器。探測器採用邁克生干涉儀和法布立 - 培若干涉儀原理，主要部分由兩個互相垂直的長臂組成，每個臂長 4000 公尺，臂末端懸掛反射鏡。管道採用不銹鋼製成，直徑 1.2 公尺，內部真空度為 10 ～ 12 大氣壓。大功率的雷射光束在臂中來回反射約 50 次，使等效臂長大為增加，形成干涉條紋。重力波會造成光程差發生變化，導致干涉條紋發生移動。

重力波是愛因斯坦的廣義相對論預言的一種時空波動，雷射干涉重力波天文台設計目標是檢測密近雙星、超新星爆發、緻密星合併、宇宙弦等天體物理過程中產生的重力波。

1991 年，麻省理工學院與加州理工學院在美國國家科學基金會資助下，聯合建設雷射干涉重力波天文台。為降低地震對系統帶來的干擾，光學裝置安裝在結構複雜的防振台上，為降低空氣分子熱運動影響，光路中抽成 10 ～ 12 大氣壓的真空。

此外，還要在相距 3000 公里的路易斯安那州和華盛頓州建造兩個相同的探測器。因為只有兩個探測器同時檢測到的資訊才有可能是重力波訊號。

1999 年 11 月，雷射干涉重力波天文台建成，耗資 3.65 億美元。2005 年，雷射干涉重力波天文台進行了改造，包括採用更高功率的雷射器、進一步減少振動等。改造後的探測器靈敏度會提高了一個數量級。

LESSON 065 雙子星天文台

雙子星天文台（又譯雙子座望遠鏡），由美國、英國、加拿大、智利、巴西、阿根廷和澳大利亞共同建造和管理，結合了位於不同地點的兩座望遠鏡，主要合作夥伴是由美國各大學天文研究所組成的 AURA 聯盟，分別位於夏威夷希羅的北雙子望遠鏡的管理中心和智利拉希雷納的南雙子管理中心。

其中，北雙子望遠鏡位於夏威夷茂納凱亞，這是一座休眠火山，高度 4300 公尺，是非常優良的觀測點。這架望遠鏡於 1999 年 6 月底完工，2000 年開始參與科學工作。南雙子望遠鏡位於智利安地斯山，海拔 2500 公尺。該地非常乾燥且幾乎無雲，使其成為設置望遠鏡的首選之處。雙子於 2000 年開始啟用。

這兩架望遠鏡結合，可完整覆蓋全天天區，是目前天文學家可用的最大、最先進的光學望遠鏡／紅外線望遠鏡。藉助先進技術，包括雷射導星、調適光學和多目標光譜儀，在兩個波段內都能提供最優質影像。

此外，這兩架望遠鏡由於先進的通風系統和良好保護的鍍銀鏡面，能得到優質紅外線觀測影像。該望遠鏡裝置高速電腦網路與自動化設施，可在遠端遙控望遠鏡，當大氣條件良好並適合時，即可立刻開始觀測，減少天文學家在上山的耗費。

LESSON 066 英國格林威治天文台

英國的格林威治天文台是世界聞名的英國天文台，現位於英國南海岸索塞克斯郡赫斯特蒙索堡。始建於 1675 年。位於英國首都倫敦的格林威治，二戰後遷往新址，但保留了「格林威治皇家天文台」之名稱。

1884 年，經過該天文台的子午線被確定為全球的時間和經度計量的標準參考子午線，也稱本初子午線，也就是零度經線。

格林威治天文台初建的初衷是為精確觀測月球和恆星，幫助旅行者確定經度。現在它已發展成為英國一個綜合性光學天文台。1999 年 12 月 28 日，一種新時間系統 —— 格林威治電子時間正式誕生，它將為全球電子商務提供一個時間標準。而原有的格林威治時間仍會保留作為 21 世紀的世界標準時間。

LESSON 067 歐洲南天天文台

簡稱歐南台，由比利時、瑞典、法國、德國、荷蘭、丹麥、義大利和瑞士八國在 1962 年合建，現由十三個歐洲國家組成，總部設在德國慕尼黑附近的加欣，是歐洲天文學家合作的國際性機構。主要觀測設施建在位於智利聖地牙哥北 600 公里處的山上。研究領域有恆星、星系、星際物質、星系團、類星體、X 射線天文學、γ 射線天文學、電波天文學和天文儀器與技術方法等。

1962 年 10 月 5 日，德國、法國、比利時、荷蘭、瑞典五國在巴黎簽署了一份協議，決定共同在南半球建立天文台，並命名為歐洲南天天文台。後來，陸續又有丹麥、芬蘭、義大利、葡萄牙、瑞士、英國、西班牙、捷克共和國加入。歐洲南天天文台的選址工作始於 1950 年代中期，彼時曾向非洲的沙漠派出考察隊。1960 年代中期，歐洲南天天文台考察了智利北部的阿他加馬沙漠，最終選定該處作為台址。1969 年 3 月 25 日，該天文台在阿他加馬沙漠南部的拉西拉山正式剪綵。

CHAPTER 08

天文儀器

LESSON 068 渾儀

「渾儀」，中國古代一種天文觀測儀器。在古代，「渾」字有圓球之意。古人認為天是圓的，其形如蛋殼，出現在天空中的星星是鑲嵌在蛋殼上的彈丸，地球是蛋黃，人們在這個蛋黃上測量日月星辰的位置。於是，人們就將這種觀測天體位置的儀器叫做「渾儀」。

起初，渾儀的結構簡單，只有三個圓環和一根金屬軸。固定在正南北方向上的最外面的圓環，稱「子午環」；固定在中間的圓環平行於地球赤道面，稱「赤道環」；最裡面的圓環可以繞金屬軸旋轉，稱「赤經環」。赤經環與金屬軸相交在兩點，一點指向北天極，另一點則指向南天極。在赤經環面上裝著一根望筒，可繞赤經環中心轉動，用望筒對準天上某顆星星，然後根據赤道環和赤經環上的刻度來確定該星在天空中的位置。

後來，古人為便於觀測太陽、行星和月球等天體，在渾儀內又添置了多個圓環，即為環內再套環，使渾儀成為多種用途的天文觀測儀器。

LESSON 069 簡儀

簡儀是中國古代一種天文觀測儀器，與渾儀一樣，它用於測量天體的位置。但渾儀的結構比較繁雜，觀測時經常發生環與環相互阻擋視線的現象，使用極為不便。元朝天文學家郭守敬將渾儀化為兩個獨立的觀測裝置，安裝在一個底座上，每個裝置都很簡單實用，且除北極星附近以外，能夠一覽無餘整個天空。於是，古人稱這種裝置為「簡儀」。

簡儀的主要裝置由兩個互相垂直的大圓環組成，其中，一個環面平行於地球赤道面，稱「赤道環」；另一個環面直立在赤道環中心的雙環，能繞一根金屬軸轉動，稱「赤經雙環」。雙環中間夾著一根裝有十字絲裝置的窺管，等同於單鏡筒望遠鏡，能繞赤經雙環的中心轉動。觀測時，將窺管對準待測星，然後在赤道環和赤經雙環的刻度盤上直接讀出該星星的位置值。有兩個支架托著正南北方向的金屬軸，以支撐整個觀測裝置，使該裝置保持北高南低的形狀。

LESSON 070 仰儀

仰儀是中國古代的一種天文觀測儀器，由元朝天文學家郭守敬設計製造。

仰儀的主體是一隻直徑約 3 公尺的銅質半球面，如一口仰放的大鍋，於是得名。仰儀的內部球面上，縱橫交錯刻劃出一些規則網格，用以量度天體的位置。在仰儀的鍋口上刻有一圈水槽，用來注水校正鍋口的水平，使其保持水平設置；在水槽邊緣均勻刻劃出 24 條線，以示方向。在正南方的刻線上安置有兩根十字交叉的竿子，呈正南北方向，一直延伸至仰儀的中心，把一塊鑿有中心小孔的小方板裝在竿子北端，並且小方板可繞仰儀中心旋轉。

仰儀是採用直接投影方法的觀測儀器，非常直觀、方便。當太陽光通過中心小孔時，在仰儀的內部球面上就會投影出太陽的倒影，觀測者就能夠從網格中直接讀出太陽的位置。尤其是在日全食時，利用仰儀能清楚觀看到日食的全過程，連同每一個時刻，日面虧損位置、大小都能較準確測量出來。所以，仰儀是倍受古代天文工作者喜愛的一種天文觀測儀器。

LESSON 071 日晷

日晷又稱「日規」，中國古代利用日影測時刻的一種計時儀器。通常，它由銅製的指針和石製的圓盤組成。

銅製的指標稱「晷針」，它垂直穿過圓盤中心，相當於圭表中的立竿，因此，晷針又稱「表」，石製的圓盤稱「晷面」，安放在石台上，呈現出南高北低狀，使晷面平行於天球赤道面，這樣，晷針的上端恰好指向北天極，下端恰好指向南天極。

在晷面的正反兩面刻劃出十二個大格，每個大格代表兩個小時。當太陽光投射在日晷上時，晷針的影子就會投向晷面，太陽由東向西移動，投向晷面的晷針影子也慢慢由西向東移動。於是，移動著的晷針影子好比是現代鐘錶的指針，晷面是鐘錶的表面，用以顯示時刻。

由於從春分到秋分期間，太陽總是在天球赤道北側運行，所以晷針的影子投向晷面上方；從秋分到春分期間，太陽在天球赤道南側運行，因此，晷針的影子投向晷面的下方。因此在觀察日晷時，需先要了解兩個不同時期晷針的投影位置。

小知識

「日晷」銀章

2009 年 08 月 27 日，一款由 8 盎司純銀打造的「日晷」銀章在北京亮相。這款銀章以古代的計時儀器「日晷」為設計原型，「日晷」銀章銀章記錄了許多重大事件。

LESSON 072 圭表

圭表是中國古代度量日影長度的一種天文儀器，由「圭」和「表」兩個部件組成。

很早以前，人們發現房屋、樹木等在太陽照射下會投出影子，這些影子的變化存在某些規律。於是，便在平地上直立一根竿子或石柱來觀察影子的變化，這根立竿或立柱被叫做「表」；用一把尺子測量表影的長度和方向，即可知時辰。

後來，人們發現正午時的表影總是投向正北方向，就把石板製的尺子平鋪在地面與立表垂直，尺子的一頭連著表基，另一頭伸向正北方，這把用石板製的尺子稱「圭」。正午時表影投在石板上，古人就能直接讀出表影的長度值。

經長期觀測，古人不僅了解到一天中表影在正午最短，還總結出一年內夏至日正午，烈日高照，表影最短；冬至日正午，煦陽斜射，表影最長。所以，古人以正午時的表影長度確定節氣和一年的長度。如連續兩次所測表影的最長值，這兩次最長值相隔的天數，即為一年的時間長度。可見，中國古人早就知道一年中有 365 天多。

在現存的河南登封觀星台上，40 尺的高台和 128 尺長的量天尺也是一個巨大的圭表。

LESSON 073 漏刻

漏刻是中國古代一種計量時間的儀器。起初，人們發現陶器中的水會從裂縫中滴漏出來，於是專門製造了一種有小孔的漏壺，把水注入漏壺內，水便從壺孔中流出來；另外再用一個容器收集漏下來的水，在這個容器內有一根刻有標記的箭杆，等同於現代鐘錶上顯示時刻的鐘面，用一個竹片或木塊托著箭杆浮於水面上，容器蓋的中心開一個小孔，箭杆從蓋孔中穿出，該容器就叫做「箭壺」。隨著箭壺內收集的水慢慢增多，木塊托著箭杆也緩緩往上浮，古人從蓋孔處看箭杆上的標記，就可知道具體的時刻了。

後來，古人發現漏壺內的水多時，流水較快，水少時流水就慢，明顯影響到計量時間的精確度。於是在漏壺上再加一把漏壺，水從下面漏壺流出去的同時，上面漏壺的水就源源不絕補充到下面的漏壺，使下面漏壺內的水均勻流入箭壺，以此取得較精確的時刻。

小知識

什麼是沙漏

沙漏又稱沙鐘，中國古代一種計量時間的儀器。沙漏的製造原理與漏刻基本相同，它根據流沙從一個容器漏到另一個容器的數量來計量時間。所以用流沙代替水，是因為中國北方冬天空氣寒冷，水容易結冰之故。

最著名的沙漏是在 1360 年由詹希元創製的「五輪沙漏」。流沙從漏斗形的沙池流到初輪邊上的沙斗裡，驅動初輪，繼而帶動各級機械齒輪旋轉。最後一級齒輪帶動在水平面上旋轉的中輪，中輪的軸心上有一根指標，指標則在一個有刻線的儀器圓盤上轉動，用以顯示時刻，這種顯示方法與現代時鐘的表面結構幾乎完全相同。

另外，詹希元還在中輪上巧妙添加了一個機械撥動裝置，用以提醒兩個站在五輪沙漏上擊鼓報時的木人。每到整點或一刻，兩個木人就會自行出來，擊鼓報告時刻。這種沙漏脫離了輔助的天文儀器，已獨立成為一種機械性的時鐘結構。

LESSON 074 天體儀

天體儀古稱「渾象」，中國古代一種用於演示天象的儀器。天體儀可以用來直觀、形象的了解日、月、星的相互位置和運動規律。可以說，天體儀是現代天球儀的始祖。北京古觀象台上安置的天體儀是中國現存最早的天體儀，製於清康熙年間，重 3850 公斤。

組成天體儀的主要部分是一個空心銅球，球面上刻有縱橫交錯的網格，用以量度天體的具體位置；球面上凸出的小圓點代表天上的亮星，它們嚴格按亮星間的相互位置標刻。整個銅球可繞一根金屬軸轉動，轉動一周代表一個晝夜，球面與金屬軸相交於兩點：北天極和南天極。兩個極點的指尖固定在一個南北正立的大圓環上，大圓環垂直嵌入水平大圈的兩個缺口內，下面四根雕有龍頭的立柱支撐住水平大圈，托住整個天體儀。利用渾象，不管是白天還是陰天的夜晚，人們都可隨時了解到當時應出現在天空的星空圖案。

中國東漢天文學家張衡曾在天體儀上安裝過一套傳動裝置，利用相當穩定的漏刻的水推動銅球，使之均勻繞金屬軸轉動，每二十四小時轉一圈。後來，唐朝的一行和梁令瓚、宋代蘇頌和韓公廉等人，將天體儀和自動報時裝置結合，使之發展成為世界上最早的天文鐘。

LESSON 075 紀限儀

紀限儀是中國清朝製造的八件大型銅鑄天文儀器之一，在 1673 年製成，重達 802 公斤。 現存於北京古觀象台的觀測平台上。

紀限儀是專門用以測量天空中任意兩星間距離的古儀，其基本觀測方法是測量以待測星到觀測者的兩條視線所張的角度。在天文學上，這一角度被稱為「天體角距離」。

紀限儀的主體是一段 60° 的弧面，弧面半徑約 2 公尺，上面飾有精細的對稱型花紋，以弧邊中央點為零度，向左右兩邊各刻 30°。從零度點到弧面頂點預設一根銅竿，整個弧面固定在銅竿上，並能上下左右轉動。銅竿後面的圓柱與銅竿上的橫軸相連，穩穩插入一公尺高的遊龍底座內。在銅竿的頂端還有一根橫軸，掛有窺尺和游表，貼附於弧面。

實際觀測時，將弧面與兩顆待測星移動至同一平面上，一人用窺尺對準一顆待測星，另一人用游表對準另一顆待測星，窺尺和游表兩者所指出的弧邊刻度差，就是兩顆待測星間的角距離。

LESSON 076 象限儀

象限儀製造於 1673 年，是專門測量天體地平高度的觀測儀器。

地平高度是指觀測者到某顆星的視線與地平面之間的夾角。在天文學上，該角度被稱為「天體地平高度」。

在象限儀下端，是一根方形橫梁和一對十字底座，在兩個十字底座的交叉點上，各豎一根高 3 公尺多的圓柱，兩邊均有一條龍扶持，具有裝飾和加固雙重作用。兩根圓柱支撐住一根雕有雲紋圖案的橫梁，一根可旋轉立軸連接在上下兩梁的中間，以固定整個扇形的象限環。象限環內雕有騰雲駕霧的巨龍，既使儀器具有生氣，又起到了平衡作用；象限環的橫邊呈水平狀，且與立邊垂直，在兩邊的交叉點處掛有一根游表，貼附於象限環面。實際觀測時，轉動象限環，將游表對準待測星，觀看游表所指的弧面上的刻度，即可知道待測星的地平高度。

LESSON 077 赤道經緯儀

赤道經緯儀是清朝製造的八件大型銅鑄天文儀器之一，是重要的古天文觀測儀器。1673 年製成，重達 2720 公斤，現完好保存於北京古觀象台的觀測平台上。

赤道經緯儀觀測部分由三個大環和一根軸承組成。最外面的大環稱「子午環」，呈正南北方向豎立，兩面有刻度盤；中間圓環呈南高北低，與天球赤道平行，稱「赤道環」。環面上均勻刻有 24 個大格，代表 24 小時；每個大格再分成 4 個小格，代表 15 分鐘。

在赤道環面的中心，垂直豎立著一根軸承，稱「極軸」。它與子午環相連，朝上的一點指向北天極，朝下的一點指向南天極，並由南極伸出的兩個象限弧支撐。裡面的圓環叫做「赤經環」，可繞極軸旋轉。

整個觀測部分鑲嵌於一個半圓雲座內，被一條南北正立、昂首修尾的蒼龍托起，龍的四隻利爪分別抓住下面十字交梁的一端，每端都裝有調整儀器的螺栓。該儀器主要用於測量恆星、太陽、月球、行星等天體的位置。

LESSON 078 黃道經緯儀

黃道經緯儀是清朝造的八件大型銅鑄天文儀器之一，是中國重要的古天文觀測儀器。1673年製成，重達2752公斤，現完好保存於北京古觀象台的觀測平台上。

黃道經緯儀的外層是南北向正立的「子午圈」，子午圈內的一個大圈稱「極至圈」，用鋼軸契合在子午圈的兩個極點上，所以該裝置被稱為「黃道經緯儀」。在極至圈內，套著一個斜躺著的大圈，該大圈與地球繞太陽旋轉的黃道平行，稱「黃道圈」。黃道圈上刻有度數和黃道十二宮的圖案，是黃道經緯儀的基本大圈。有一根垂直於黃道圈面的鋼軸連接黃道南、北兩極。最裡面的一個圓環稱「黃道經圈」，相連黃道南、北兩極，並可繞鋼軸旋轉，圈上刻有度數。在觀測天體時，可根據黃道圈和黃道經圈的刻度來確定太陽和行星的位置。

該儀器的觀測部分被置於一個半圓雲座內，由兩條背向而立的蒼龍托住，蒼龍的爪子緊抓住雕有雲紋斜交的十字交梁。

LESSON 079 地平經儀

地平經儀是中國古代一種天文觀測儀器。重達811公斤，於1673

年（清康熙年間）製成，現存於北京古觀象台。

地平經儀一般用於測量天體的地平方位角。它的底座是副十字交梁，交梁上有三條屈身直立的蒼龍和一條銅柱，作為四個柱腳托住一個直徑 2 公尺多的大銅圈，銅圈平行於地平面，叫做「地平圈」。圈面按東西和南北正相交成兩條直線，將地平圈分割成東南、西南、西北和東北四個方位，以正南和正北為 0°，分別向東、西刻劃度數。在正東和正西兩點各豎一柱，兩條升龍盤柱而上，約在 1.5 公尺處相向合攏，在中心兩龍各伸出一爪捧住火球。再從地平圈中心垂直豎起一根正方形空心立表，和火球相連，立表上指天頂，下連底座中心的固定立柱。在立表下端有一根橫表平躺於地平圈，可帶動立表旋轉，橫表兩端各有一根直線和立表頂端相連。

實際觀測時，將橫表轉動，把待測星置於立表空心處，與橫表兩端的直線構成同一平面時，就可從橫表所指的刻度盤上讀出待測天體的方位角。

LESSON 080 璣衡撫辰儀

璣衡撫辰儀是中國清代造的八件大型銅鑄天文儀器之一，中國古代重要的天文觀測儀器。在 1744 年製成，重達 5 噸，現完好保存於北京古觀象台的觀測平台上。

璣衡撫辰儀觀測部分的外層是一根南北正立的「子午雙圈」，雙圈被銅枕固定，其空隙的中線為子午正線，在雙圈內有兩個並排的圓環，稱「赤道圈」，外面的赤道圈固定在子午雙圈上，東西各有龍柱相托，裡面的赤道圈連接在極至圈上，並可以沿赤道面移動，因此又稱為「遊動赤道圈」。最裡面的圓環稱「赤經圈」，由環內的一根空心銅軸連接在子午雙圈的兩個極點上，赤經圈可繞銅軸旋轉。在空心銅軸中間還有一根窺管，前端圓孔內有十字絲裝置，以增強觀測精確度。整個觀測部分由雕工精細的雲座和龍柱托住。

LESSON 081 水運儀象台

水運儀象台是中國古代一種大型的天文儀器，由宋朝天文學家蘇頌等人創建。它集觀測天象的渾儀、演示天象的渾象、計量時間的漏刻和報告時刻的機械裝置於一體，使綜合性觀測儀器。實際上，它就是一座小型的天文台。

整個水運儀象台高 12 公尺，寬 7 公尺，共有三層。最上層的板屋內放置著一台渾儀，屋的頂板可自由開啟，平時關閉屋頂，避免雨淋，它已具有現代天文觀測室的雛型；中層放置著一架渾象；下層又可分成五小層木閣，每小層木閣內都安排了若干木人，五層共有 162 個木人，它們各行其是：每到一定的時刻，就會有木人自動出來打鐘、擊鼓或敲打樂器、報告時刻、指示時辰等。在木閣後面，放置著精確度很高的兩級漏刻和一套機械傳動裝置，這裡是整個水運儀象台的「心臟」部分，將漏壺的水衝動機輪，驅動傳動裝置，渾儀、渾象和報時裝置就會按部就班運動。

LESSON 082 望遠鏡

望遠鏡，一種利用凹透鏡和凸透鏡觀測遙遠物體的光學儀器，主要利用通過透鏡的光線折射或光線被凹鏡反射，使之進入小孔並會聚成像，再經過一個放大目鏡而被看到。

望遠鏡的可放大遠處物體的張角，使人眼能看清角距更小的細節，還可使觀測者看到原來看不到的暗弱物體。

望遠鏡的發明

1608 年，荷蘭眼鏡匠漢斯．李普希發現將兩塊透鏡相隔一定距離放在一隻眼睛前面時，從透鏡望過去，遠處的物體似乎比平時拉近很多。經過實驗，李普希確定了兩塊透鏡間距多大時遠處物體成像最大最清晰。之後，李普希製作了金屬管來固定兩塊透鏡，創造出第一部望遠鏡。李普希在希臘語意為「看得遠」，因此將它命名為「望遠鏡」。

李普希望遠鏡倍率在 5 ～ 7 之間（相對於肉眼看到的物體，能將物體放大 5 ～ 7 倍）。李普希申請了專利，並將他的望遠鏡提供給荷蘭軍隊。數月之內，望遠鏡的複製品風靡整個歐洲。

望遠鏡的改良

1609 年，義大利伽利略．伽利雷在李普希望遠鏡基礎上，不斷改變望遠鏡內透鏡形狀與距離，同時改變望遠鏡部件，製造出 40 倍雙鏡望遠鏡，它是第一部投入科學應用的實用望遠鏡。

幾乎同時，德國天文學家克卜勒在《屈光學》裡提出另一種天文望遠鏡，這種望遠鏡由兩個凸透鏡組成，比伽利略望遠鏡視野寬闊。沙伊納於 1613 ～ 1617 年間首次製作出這種望遠鏡，並遵照克卜勒的建議製造了有第三個凸透鏡的望遠鏡，將兩個凸透鏡做的望遠鏡的倒像變成為正像。沙伊納做了八台望遠鏡，用以觀察太陽，在觀察太陽時，沙伊納裝上了特殊遮光玻璃。

荷蘭惠更斯為減少折射望遠鏡色差，在 1665 年做了一台筒長近六公尺的望遠鏡，用以探查土星光環，後又做成一台近 41 公尺長的望遠鏡。

1670 年，牛頓發明了反射式望遠鏡。牛頓望遠鏡的光學透鏡聚焦在凹面鏡上，這一體系增加了望遠鏡的倍數，並消除了李普希設計固有的失真現象。

1825 年，法國人萊玫爾發明了雙目望遠鏡。後來，義大利人波羅斯首次在萊玫爾發明的基礎上製作出一個實用雙目望遠鏡。

哈伯空間望遠鏡

哈伯望遠鏡是人類第一座太空望遠鏡，總長度超過 13 公尺，重 11 噸多，運行於地球大氣層外緣離地面約 600 公里的軌道上，約每 100 分鐘繞地球一周。

哈伯望遠鏡由 NASA 和歐洲太空總署合作，於 1990 年發射入軌。哈伯望遠鏡以天文學家愛德文 · 哈伯的名字命名。哈伯望遠鏡的角解析度小於 0.1 秒，每天可獲取 3 ～ 5G 位元組資料。

由於運行在外太空，哈伯望遠鏡獲得的圖像不受大氣層擾動折射的影響，並可獲得通常被大氣層吸收的紅外光譜的圖像。哈伯望遠鏡的資料由太空望遠鏡研究所的天文學家和科學家分析處理。

折射望遠鏡

折射望遠鏡的物鏡由透鏡或透鏡組組成。早期物鏡是單片結構，色差和球差嚴重，使觀看到的天體帶有彩色光斑。19 世紀末，人們發明了由兩塊折射率不同的玻璃分別製成凸透鏡和凹透鏡，再組合起來的複合消色差物鏡。

折射望遠鏡分為伽利略結構和克卜勒結構兩類。伽利略結構歷史最悠久，其目鏡為凹透鏡，能直接成正立像，但視場小，一般為民用的 2 ～ 4 倍的兒童玩具採用。多數常見望遠鏡為克卜勒結構，其目鏡一般是凸透鏡或透鏡組，由於其光路中有實象，可安裝測距或瞄準分劃板用以測量距離。但簡單的克卜勒結構成像倒立，需要在光路內加正像系統使其正過來，常見正像系統是普羅稜鏡或屋脊稜鏡，既起到正像作用，又使光路折回，縮短整機長度。

反射望遠鏡

該類鏡最早由牛頓發明，物鏡是凹面反射鏡，無色差，且將凹面製成旋轉拋物面以消除球差。凹面上鍍有反光膜，一般為鋁。反射望遠鏡鏡筒較短，易於製造更大的口徑。現代大型天文望遠鏡幾乎都是反射結構。

反射望遠鏡除主物鏡外，還裝有一或幾個小反射鏡，用以改變光線方向便於安裝目鏡。由於反射式望遠鏡的入射光線僅在物鏡表面反射，所以對光學玻璃的內部質量比折射鏡要求低。

1990 年，美國在夏威夷建成當時口徑最大的凱克望遠鏡，該鏡主物鏡由三十六面六邊形薄鏡片拼成，厚度僅十公分；由電腦控制背面支撐點，補償重力引起的形變；能透過改變鏡面曲率補償大氣擾動。

這些新技術的採用成為人類發射太空望遠鏡的開端。

折反射望遠鏡

折反射望遠鏡的物鏡由折射鏡和反射鏡組成，主鏡是球面反射鏡，副鏡是一個透鏡，用以矯正主鏡像差。該類望遠鏡視場大，光力強，適合觀測流星、彗星，以及巡天尋找新天體。

電波望遠鏡

電波望遠鏡是一種電波接收器，專用以探測天空中某區域發出的電波訊號，可測量天體電波強度、頻譜及偏振等量，一般由天線、接收機和終端設備三部分構成。天線收集天體的電波輻射，接收機將這些訊號加工、轉化為可供記錄、顯示的形式，終端設備將訊號記錄下來，並按特定要求進行某些處理然後加以顯示。

電波望遠鏡通常具有高空間解析度和高靈敏度。根據天線總體結構不同，電波望遠鏡可分為連續孔徑和非連續孔徑兩大類，前者的主要代表是採用單盤拋物面天線的經典式電波望遠鏡，後者是以干涉技術為基礎的各種組合天線系統。

電波望遠鏡的工作原理是將投射來的電磁波被一精確鏡面反射後，同相到達共同焦點。使用旋轉拋物面作鏡面，易於實現同相聚集，所以電波望遠鏡的天線多是拋物面。

太陽望遠鏡

日冕是太陽周圍一圈薄的、暗弱的外層大氣，其結構複雜，僅在日全食發生的短暫時間內才能被看到，因為天空的光總是從四面八方散射或漫射到望遠鏡內。

1930 年，由法國天文學家李奧研發的第一架日冕儀誕生，這種儀器能有效遮掉太陽，散射光極小，可在太陽光普照的任何日子裡成功拍攝日冕照片。從此，世界觀測日冕逐漸興起。

日冕儀是太陽望遠鏡的一種，20 世紀以來，由於實際觀測需要，出現各種太陽望遠鏡，如色球望遠鏡、太陽塔、組合太陽望遠鏡及真空太陽望遠鏡等。

紅外望遠鏡

接收天體紅外輻射的望遠鏡，可兼作紅外觀測和光學觀測。作紅外觀測時，其終端設備需採用調變技術抑制背景干擾，並用干涉法提高其解析本領。

由於地球大氣對紅外線只有七個狹窄的窗口，因此紅外望遠鏡常置於高山區域。世界上較好的地面紅外望遠鏡多集中安裝在美國夏威夷的茂納凱亞，是世界紅外天文的研究中心。1991 年建成的凱克望遠鏡是最大的紅外望遠鏡，其口徑為十公尺，可兼作光學、紅外兩用。

此外，還可把紅外望遠鏡裝於高空氣球上，氣球上的紅外望遠鏡的最大口徑是一公尺，其效果與地面一些口徑更大的紅外望遠鏡相當。

小知識

望遠鏡之最

現在世界上最大的反射望遠鏡，是 1975 年蘇聯建成的一台六公尺望遠鏡。它超過了 30 年來一直稱為「世界之最」的美國帕洛馬山天文台的五公尺反射望遠鏡。它的轉動部分總重達 800 噸，也比美國的重 200 噸。

1978 年，美國一台組合後口徑相當於 4.5 公尺的多鏡面望遠鏡試運轉。這台望遠鏡由六個相同的、口徑各為 1.8 公尺的卡塞格林望遠鏡組成。六個望遠鏡繞中心軸排成六角形，六束會聚光各經一塊平面鏡射向一個六面光束合成器，再把六束光聚在一個共同焦點上，多鏡面望遠鏡的優點是：口徑大，鏡筒短，占地小，造價低。目前，口徑最大的光學望遠鏡是十公尺口徑的凱克望遠鏡。

現在世界上最大的折射望遠鏡，是在德國陶登堡天文台安裝的施密特望遠鏡，改正口徑 1.35 公尺，主鏡口徑 2 公尺。德國這台折射鏡也超過了美國最大的施米特望遠鏡。美國在望遠鏡上的兩個「世界之最」被人相繼奪走了。

世界上最早的望遠鏡是 1609 年義大利科學家伽利略製造出來的，因此又稱伽利略望遠鏡。這是一台折射望遠鏡，用一塊凸透鏡作物鏡，一塊凹鏡作目鏡，因此觀測到的是正像。

LESSON 083 太陽光電磁像儀

一種用光電輻射探測器測量太陽磁場的基本儀器，也稱向量磁像儀。1953 年由美國天文學家巴布科克發明。

光電磁像儀一般由太陽攝譜儀改製，原則上可測量縱向磁場、橫向磁場及其方位角，但測量橫向磁場很困難，因為橫向磁場的訊號比縱向磁場的弱很多，而且不能在測量過程中自動消除儀器偏振。許多光電磁像儀的前置光學系統中都採用了類似定天鏡的裝置。該裝置引入的儀器偏振是變化的，難於補償，且在數值上往往會大於橫向磁場導致的太陽輻射偏振，所以許多光電磁像儀實際上僅用於測量縱向磁場。但光電磁像儀測量精確度高，在選擇譜線上有較大靈活性，除測量磁場外，還可測量日面亮度場和視向速度場。

LESSON 084 偏振光度計

偏振光度計是一種測定天體輻射偏振的儀器。天體輻射的偏振大多很小，望遠鏡光學系統和探測器又都會產生儀器偏振。因此，對偏振計設計的一個基本要求就是盡量消除儀器偏振的影響。一般是透過觀測鄰近零偏振的恆星來校準。

此外，使鏡筒繞光軸轉動，也能徹底消除儀器偏振。

偏振光度計按接收電路可分直流和交流兩類；按光學設計可分為單臂和雙臂兩類。實踐表明，對於亮星，雙臂偏振計的觀測精確度比單臂偏振計高一個數量級。

LESSON 085 電波輻射計

電波輻射計是一種測量天體無線電波段輻射的接收設備。通常來說，能測量物體輻射能強度的接收設備，都稱為輻射計。而天文學上用的電波輻射計，是專門測量天體無線電波段的輻射的。雖然天體的電波各有不同，需要有各種專門的設備來測量（如測天體連續譜的與測譜線輻射的不同；測穩定源的與測速變源的不同；不同波段的測量技術也不同等)，但它們都必須包括天線、接收機、記錄顯示處理系統、校正雜訊源等部分。

電波輻射計的一項重要性能指標是靈敏度。天體電波有雜訊，且非常微弱，通常較接收設備的雜訊弱得多，所以電波輻射計必須具有從強大的附加雜訊背景中發現和測量變化極微小的天體電波雜訊的能力。

LESSON 086 恆星攝譜儀

將來自恆星的光線展開成光譜，並把光譜拍攝在天文底片上的光學儀器，可用以研究天體的化學組成、物理性質和運動規律，是天體物理學的重要研究工具之一。

恆星攝譜儀觀測的對象都比較暗弱，因此需要大口徑望遠鏡收集足夠的光，並採取各種措施提高攝譜儀的聚光能力，如盡量減少光學元件數目，採用多層膜技術，以提高光學透射和反射率，設計強光力照相機，使用底片敏化技術等。此外，應採用大面積閃耀（定向）光柵。

LESSON 087 稜鏡等高儀

一種能夠同時測定經度（或世界時）和緯度的儀器。記錄一組（三顆以上）位置已知的恆星在不同方位相繼通過一個固定天頂距 ——等高圈 —— 的時刻，就能算出儀器所在點的經、緯度。

稜鏡等高儀的原理是

一部分星光直接射入 60°稜鏡的一面，另一部分星光透過水銀面反射後進入等邊稜鏡另一面。恆星的地平緯度由於周日運動逐漸發生改變，當它正好等於 60°時，從稜鏡射出的兩束光才互相平行，因而觀測者透過目鏡可看到物鏡焦平面上的兩個星相在此瞬間重合。觀測者按電鍵記錄相應時刻，即可完成一顆星的觀測。

稜鏡等高儀的優點是稜鏡的稜角比較穩定，無需要精密的軸系、度盤和水平儀。但其調焦會引入等高圈記錄時刻的誤差，並且目視單次記錄的偶然誤差和人差都比較大。簡單的小型稜鏡等高儀主要用於野外天文觀測。

LESSON 088 光電等高儀

光電等高儀是用光電方法自動記錄恆星經過 60°等高圈的時刻，從而歸算出經度（世界時）和緯度的一種新型儀器。

光電等高儀的焦平面上有一個玻璃記錄柵，上面有互相交替的透明線條和鍍銀線條。當星像經過這些線條，照射到光電倍增管上的光強就會不斷變化。將光電訊號放大並作適當處理後，可用計時儀記下星像經過各線條邊緣（記錄線）的時刻，同時自動算出直接星像和水銀星像重合，也就是恆星過等高圈的時刻。

LESSON 089 中星儀

又稱子午儀，一種觀測恆星過上中天（過觀測站子午圈）的天體測量儀器。主要用於精確測定恆星過上中天的時刻，以求得恆星鐘鐘差，進而確定世界時、恆星赤經和基本天文點的經度。

該儀器發明於17世紀，由望遠鏡、目視接觸測微器、尋星度盤、掛水平儀、太爾各特水平儀及望遠鏡支座等構成。望遠鏡通常是折軸式的，其水平軸指向東西向，鏡筒可在子午面內旋轉，星光經過位於水平軸中央的直角稜鏡，反射到水平軸的一端用接觸測微器或光電接收器做記錄。中星儀水平軸上懸有一個高靈敏度掛水平儀，以校準平軸。在水平軸兩端，各有一段精確度極高的圓柱形樞軸，可保證水平軸傾斜誤差和方位誤差穩定不變。

中星儀在一顆星的觀測中間進行轉軸，以衝抵望遠鏡準直差等誤差。利用太爾各特水平儀，中星儀還可用於測量緯度或恆星赤緯。雖然鐳射測衛等新技術已承擔了測定世界時的任務，但用於檢測鉛垂線變化，中星儀的作用還是無可替代。

LESSON 090 日冕儀

由於太陽圓面的光太強，即使使用太陽望遠鏡，如不是在日全食期間，仍然看不見日冕。1937年，法國默東天文台的青年天文學家李約想出一個辦法，把一個小黑圓盤塞進太陽望遠鏡裡，從而造成長時間的「人造日全食」，這種儀器便稱為「日冕儀」。

雖然使用日冕儀只能觀測內冕，但畢竟為天文學家們提供了很大方便。這樣，人們就不必再等到相隔多年才有一次的日全食時才去緊張地觀察，而可以常年從地面研究太陽大氣了。

LESSON 091 尤利西斯太陽探測器

「尤利西斯」號由歐洲太空總署和 NASA 合作研發，於 1990 年發射升空，是人類成功發射的首個黃道外太陽探測器。

「尤利西斯」號的運行軌道幾乎和黃道平面垂直，它傳回的探測結果改變了人們對太陽風、太陽磁場以及太陽表面活動情況的認識，使科學家發現更多銀河系以及宇宙的奧祕。透過它的觀測發現，太陽風正在逐年減弱，目前正處於有史以來最微弱的時期。

除了為科學家們研究日光層成分提供珍貴的資料，「尤利西斯」號也創下了人類觀測太陽最長時間的紀錄。從 1992 年到達太陽南極開始繞日飛行，這個探測器已飛行了 90 億公里，服役時間是設計壽命的三倍多。

2009 年 6 月 30 日，歐洲太空總署宣布該機構於當天中斷了與「尤利西斯」號太陽探測器的通訊聯繫，它意味著後者的探測使命正式畫上句號。

小知識

費米的第一光

伽馬射線大視場太空望遠鏡被官方命名為費米伽馬射線太空望遠鏡，於 2008 年 6 月 11 日發射升空，目的是探索高能宇宙。該望遠鏡的命名是為紀念諾貝爾得主恩里克·費米（1901 ～ 1954），高能物理的先驅者。

經過測試後，費米的兩個設備 ── 伽馬射線暴監測器（GBM）和大視場望遠鏡（LAT）正有規律的發回資料。費米上 LAT 拍攝的第一張伽馬射線天空影像是朝銀河系中心拍攝到的全天域影像，銀道面投影在影像的中央。沿銀道面，高能宇宙射線與氣體和塵埃發生碰撞，產生了散漫的伽馬射線光。影像上可解析出從高速旋轉中的中子星或脈衝星，以及遙遠活動星系（通常被稱為耀變體）發出的強烈射線。作為未來發現的前奏，這一顯著的影像僅集合了四天的觀測結果，相當於 1990 年代康普頓伽瑪射線觀測儀一年的成果。除了監測伽馬射線爆的能力外，改進巨大的敏銳性也讓費米望遠鏡能更深入拍攝高能宇宙。

CHAPTER 09

時間與曆法

LESSON 092 時間總論

宇宙由物質構成，而物質又與運動密不可分。可以說，宇宙的兩大要素 —— 時間和空間，正是建立在物質和運動的基礎上。相對空間來說，時間這個概念要抽象得多。但無論任何時候，只要提到「時間」一詞，幾乎無人不曉它的含義。

人們研究「時間」概念，是為了解決兩類問題：兩個事件發生的時間間隔或某一具體事件經歷了多長時間；某一事件具體在什麼時間發生。嚴格來說，第一個問題屬於「時間」概念，第二個問題屬於「時刻」概念。

事實上，人類正是為了解決這兩個問題，才透過數千年的觀測、實踐，逐步確立了「年」、「月」、「日」、「時」、「分」、「秒」等長短不一的計時單位。現在世界各國通行的「世界時」計時系統，是人類長久努力的結果。

LESSON 093 曆法總論

時間長河無限，只有確定每一日在其中的確切位置，人們才能記錄歷史、安排生活。人們日常使用的日曆，對每一天的「日期」都有極為詳盡規定，這實際上就是曆法在生活中最直觀的表達形式。

年、月、日是曆法的三大要素。曆法中的年、月、日，在理論上近似於天然的時間單位 —— 迴歸年、朔望月、真太陽日，稱為曆日、曆月、歷年。為什麼只能是「近似於」呢？很簡單，朔望月和迴歸年都不是日的整倍數，一個迴歸年也不是朔望月的整倍數。但如果把完整的一日分屬在相連的兩個月或相連的兩年裡，人們又會覺得彆扭，所以曆法中的一年、一個月都必須包含整數的「日」。為了生活便利，學術、理論只能靠邊站，因此只能近似了！

隨著人類社會的不斷發展，曆法還將繼續改革。而如何在精確、方便兩者間找到更好的結合點，一直是曆法改革的方向和目標。

理想的曆法應使用方便，易於記憶，歷年的平均長度等於迴歸年，曆月的平均長度等於朔望月。實際上這些要求根本無法同時達到，在一定長時間內，平均歷年或平均曆月都不可能與迴歸年或朔望月完全相等，總會有些零數。所以，目前世界上通行的幾種曆法，實際上都算不上最完美。

任何一種具體的曆法，首先得明確規定起始點，也就是開始計算的年代，稱「紀元」；以及規定一年的開端，稱「歲首」。此外，還要規定每年包含的日數，怎樣劃分月分，每月含多少天等。因為日、月、年之間並無最大公約數，這些看似簡單的問題其實很複雜，不僅需要長期連續的天文觀測作為知識基礎，還需要非常的智慧。

人們想盡辦法來安排日月年的關係。歷史上，世界各地的曆法千差萬別，但就其基本原理來講，基本有三種，即太陰曆（陰曆）、太陽曆（陽曆）和陰陽曆。三種曆法各自有優缺點。現在世界上通行的「西曆」，實際上是一種太陽曆。

LESSON 094 太陽曆

太陽曆又稱陽曆，是以地球繞太陽公轉的運動週期為基礎制定的曆法。太陽曆的曆年近似等於迴歸年，一年 12 個月，這個「月」與朔望月無關。陽曆的月分、日期都與太陽在黃道上的位置較符合，根據陽曆日期，在一年中可明顯看出四季寒暖變化情況；但在每個月分中，看不出月亮的朔、望、兩弦。

如今，世界通行的西曆就是一種陽曆，平年 365 天，閏年 366 天，每四年一閏，每滿百年少閏一次，到第 400 年再閏。也就是說，每 400 年中有 97 個閏年。西曆的曆年平均長度與迴歸年只差 26 秒，累積 3300 年後，會差一日。

小知識

西曆平年的 2 月只有 28 天

人們今天使用的西曆是從儒略曆演變而來。在西元前 46 年，羅馬統帥是尤利烏斯·凱撒（或譯儒略·凱撒），據說他的生日在 7 月。為表示他的偉大，他決定將 7 月稱「儒略月」，並將所有單月都定為 31 天，雙日定為 30 天，只有 2 月平年 29 天，閏年 30 天。因為 2 月是行刑月分，所以減少一天。

凱撒的繼承人奧古斯都，其生日在 8 月。偉人生日的那個月只有 30 天可不行，於是他決定將 8 月叫「奧古斯都月」，並將 8、10、12 月都改為 31 天，9、11 月都改為 30 天。這樣的話，就少了一天，於是又從 2 月裡拿出一天。從此 2 月平年就只有 28 天了。

原來，西曆 2 月的天數少和西曆月分的不規則都是由古羅馬兩個皇帝造成的。

LESSON 095 太陰曆

太陰曆又稱陰曆，是以月亮的圓缺變化為基本週期而制定的曆法。

世界上現存陰曆的典型代表是伊斯蘭教陰曆，它的每一個曆月都近似等於朔望月，每個月的任何日期都含有月相意義。歷年為 12 個月，平年 354 天，閏年 355 天，每 30 年中有 11 年是閏年，其餘 19 年是平年。純粹的陰曆，可較為精確反映月相變化，但難以根據其月分和日期判斷季節，因為它的曆年與迴歸年沒有關係。

從世界範圍看，人們最早都採用陰曆，因為朔望月的週期，比迴歸年的週期易於確定。後來，人們知道了迴歸年，由於農業生產的需要，多改用陽曆或陰陽曆。現在，只有伊斯蘭教國家在宗教事務上還使用純陰曆。

小知識

伊斯蘭教陰曆

「希吉來曆」是伊斯蘭國家和世界穆斯林通用的宗教曆法，也叫「伊斯蘭曆」。中國舊稱「回回曆」，簡稱「回曆」。「希吉來」是阿拉伯語音譯，意為「遷徙」。

西元 639 年，為紀念穆罕默德於 622 年率穆斯林由麥加遷徙到麥地那的重要歷史事件，伊斯蘭教第二任哈里發歐瑪爾決定把該年定為伊斯蘭教曆紀元，以阿拉伯太陽年歲首（即儒略曆西元 622 年 7 月 16 日）為希吉來歷元年元旦。

希吉來歷每年 9 月是伊斯蘭教齋戒之月，對這個月的起始除了透過計算之外，還要由觀察新月是否出現來決定。

希吉來歷自創製至今 14 個世紀，一直被阿拉伯國家紀年和世界穆斯林作為宗教曆法所通用。該曆在西元 1267 年正式傳入中國，後並編撰該曆頒行全國，供穆斯林使用，元朝政府頒行的郭守敬「授時曆」和明代在全國實行的「大統曆」，都參照該曆而制定。

LESSON 096 陰陽曆

陰陽曆是兼顧月亮繞地球的運動週期和地球繞太陽的運動週期而制定的曆法。陰陽曆曆月的平均長度接近朔望月，曆年的平均長度接近迴歸年，是一種「陰月陽年」式的曆法。它既能使每個年分基本符合季節變化，又使每一月分的日期與月相對應。其缺點是曆年長度相差過大，曆制複雜，不便於記憶。中國的農曆就是一種典型的陰陽曆。

中國曆法在幾千年來經過不斷改進完善，逐漸演變為現在所用的農曆。農曆實質上就是一種陰陽曆，以月亮運動週期為主，並兼顧地球繞太陽運動的週期。

24 節氣

節氣屬於陽曆範疇，從天文學意義來講，24 節氣是根據地球繞太陽運行的軌道（黃道）360°，以春分點為 0 點，分為 24 等分點，兩等分點相隔 15°。每個等分點又設有專名，含有氣候變化、物候特點、農作物生長情況等意義。

24 節氣分別為立春、雨水、驚蟄、春分、清明、穀雨、立夏、小滿、芒種、夏至、小暑、大暑、立秋、處暑、白露、秋分、寒露、霜降、立冬、小雪、大雪、冬至、小寒、大寒。以上依次順屬，逢單的均為「節氣」，通常簡稱為「節」，逢雙的為「中氣」，簡稱為「氣」，合稱為「節氣」。現在一般統稱為 24 節氣。

民間有一首歌訣

春雨驚春清穀天，夏滿芒夏暑相連，秋處露秋寒霜降，冬雪雪冬小大寒。

該歌訣是人們為記憶 24 節氣的順序，各取一字綴聯而成。

農曆中的候應

候是在 24 節氣之後，中國古人將節氣細化為候，是中國農曆中更小的陽曆單位。最早，從立春開始以 5 天為 1 候，一年有 73 候（最後一候為 6 或 7 天）是一種簡單的平候（類似平氣）；後來它和 24 節氣相結合，去掉 1 候成為從立春開始的 72 候，即「一（節）氣管三候」，成為節氣的細化單位，這樣平氣對應平候；以定氣對應的平候為半定候。

候是節氣的必要補充，它和 24 節氣一起構成了農曆中陽曆成分，是農曆中的特殊太陽曆系統。

19 年 7 閏

一個朔望月平均為 29.5306 日，一個迴歸年有 12.368 個朔望月，0.368 小數部分的漸進分數是 1/2、1/3、3/8、4/11、7/19、46/125……就是說，每兩年增加一個閏月，或每三年增加一個閏月，或每八年增加三個閏月……以此類推，19 年間會加 7 個閏月。因為 19 個迴歸年＝6939.6018 日，而 19 個農曆年（加 7 個閏月後）共有 235 個朔望月，等於 6939.6910 日，這樣兩者就差不多了。

7 個閏月安插到 19 年當中，其安插方法大有講究。農曆閏月的安插，自古都是人為規定，歷代對閏月的安插也不完全相同。秦代以前，曾把閏月放在一年末尾，稱「十三月」。漢初把閏月放在 9 月之後，稱「後九月」。到漢武帝太初元年，又將閏月分插在一年中的各月。以後又規定「不包含中氣的月分作為前一個月的閏月」，直到現在，該規定仍被沿用。

有的月分會沒有中氣

節氣與節氣或中氣與中氣相隔時間平均為 30.4368 日（即一迴歸年排 65.2422 日平分 12 等分），而一個朔望月平均為 29.5306 日，所以節氣或中氣在農曆的月分中的日期逐月推移遲到一定時候，中氣不在月中，而移到月末，下一個中氣移到另一個月的月初。這樣，中間這個月就沒有中氣，而僅剩一個節氣了。

古人在編制農曆時，以 12 個中氣作為 12 個月的標誌：雨水為正月標誌，春分為 2 月標誌，穀雨為 3 月標誌……把沒有中氣的月分作為閏月，就使曆月名稱與中氣一一對應，從而保持了原有中氣的標誌。

從 19 年 7 閏來說，在 19 個迴歸年中有 228 個節氣和 228 個中氣，而農曆 19 年有 235 個朔望月，明顯有 7 個月沒有節氣和 7 個月沒有中氣，這樣把沒有中氣的月分定為閏月，也就很自然了。

農曆月的大小並不規則，有時連續兩、三、四個大月或連續兩、三個小月，曆年的長短也不一樣，且有很大差距。節氣和中氣在農曆裡的分布日期很不穩定，日期變動的範圍也很大。如此看來，農曆就顯得十分複雜。但農曆還是存在某種迴圈規律的：由於 19 個迴歸年的日數與 19 個農曆年的日數幾乎相等，就使農曆每隔 19 年幾乎相同。每隔 19 年，農曆相同月分的每月初一日的陽曆日一般相同或相差 1 ～ 2 天。每隔 19 年，節氣和中氣日期大體上出現重複，個別相差 1 ～ 2 天。相隔 19 年閏月的月分重複或相差一個月。

干支紀法

中國古代以天為主，以地為從，天和干相連叫天干，地和支相連叫地支，合起來稱天干地支，簡稱干支。

天干有十個，分別為甲、乙、丙、丁、戊、己、庚、辛、壬、癸；地支十二個，依次為子、丑、寅、卯、辰、巳、午、未、申、酉、戌、亥。古人把它們按一定的順序、不重複搭配，從甲子到癸亥共六十對，稱為六十甲子。

中國古人用這六十對干支來表示年、月、日、時的序號，往復迴圈，這就是干支紀法。在殷墟出土的甲骨文中，已有表示干支的象形文字，說明早在殷代已經使用干支紀法了。

黃曆 · 皇曆：西漢前，中國使用六種古曆法：黃帝曆、顓頊曆、夏曆、殷曆、周曆和魯曆，傳說以黃帝時創造的曆法最古。黃曆，就是黃帝曆的簡稱，因此人們習慣把曆書稱為黃曆。後來的黃曆，往往摻雜了許多宣揚吉凶忌諱的內容，迷信色彩極濃，黃曆於是成了舊曆書的代名。

歷代皇帝都很重視曆法。9 世紀初，唐皇朝曾下令：曆書須經皇帝親自審定後才能頒布，並規定只許官方印曆書。從此，曆書就成了「皇曆」。

「皇曆」一詞，據說與宋太宗有關。宋太宗每年到了歲晚都會送曆書一本給文武百官，曆書裡刻有農曆日期節令，以及在耕作種植方面的通常知識。因為曆書是皇帝送的，故叫它「皇曆」。

「皇曆」中所記曆法，一般以一年為限，第二年變更，如拿起去年的皇曆來查看今年的曆法，就一定會產生錯誤，因此「老皇曆」之說，意指因循守舊、不思變革。

花信風

24 候花信風——以梅花為首，楝花為終。自小寒至穀雨共 8 氣，120 日，每 5 日為一候，計 24 候，每候應一種花信。如：

小寒，一候梅花，二候山茶，三候水仙；

大寒，一候瑞香，二候蘭花，三候山礬；

立春，一候迎春，二候櫻桃，三候望春；

雨水，一候菜花，二候杏花，三候李花；

驚蟄，一候桃花，二候棠花，三候薔薇；

春分，一候海棠，二候梨花，三候木蘭；

清明，一候桐花，二候麥花，三候柳花；

穀雨，一候牡丹，二候酴醿，三候楝花。

楝花排在最後，表明楝花開罷，花事已了。

花朝節

民俗史上有花朝節之說，也稱花日，是紀念百花仙子的節日。各地花朝節的定日雖各不相同，但均在農曆 2 月中的某日。如洛陽風俗，以 2 月初二為花朝節；蘇吳之地以 2 月 12 日為花日；而浙越民間風俗多以「仲春十五」（農曆二月十五）為花朝節。

小知識

斗柄回寅

中國古代以地平座標系中的正北順時針偏 60° 的地方為寅，比農曆立春節氣（從正北起順時針東偏 45°）還多偏 15°。斗柄回寅的意思是說，北斗星的斗柄指向了寅方，即在時間上到達了農曆正月，一元復始，萬象更新，大地回春，代表一年之端。

LESSON 097 迴歸年

四季更替謂之「年」。每年 1 月正值北半球寒冬，此時的地球過近日點，7 月北半球盛夏時節地球正過遠日點。

日地距離的變化使整個地球從太陽接受的總熱量產生一些微小差異，其並不足以造成地球上一年的季節變化。真正原因是地球在軌道上歪著身子走路，從而導致太陽赤緯隨時變化，即說太陽在地球上的直射點發生有規律的變化。

每年 3 月 21 日左右，陽光直射赤道，這時太陽在春分點，太陽赤緯等於 0°。此後，太陽赤緯開始加大，太陽光直射點逐漸向赤道以北移動，北半球所得熱量逐漸增多。

6 月 22 日左右，太陽運行到夏至點，太陽赤緯等於黃赤交角，陽光直射北迴歸線。當日北半球各地，中午太陽最高，白晝時間最長，黑夜時間最短，接受太陽光和熱最多，日出和日沒點偏北程度最大。夏至後，太陽光直射點南移，9 月 23 日左右，太陽運行到秋分點，陽光再次直射赤道。

12 月 22 日左右，太陽運行到冬至點，陽光直射南迴歸線，對北半球來說，此時的情況正與 6 月 22 日相反。冬至後，陽光直射點開始北移，到 3 月 21 日就會又直射赤道。

這樣，對於地面上的某一地帶，在一年中的不同日期，日出和日沒點方位不斷變化，白天太陽在天球上所走的距離長短不同，即白晝長短不同，於是太陽光照射的時間也不同。正午太陽高度也不斷變化，陽光與地面傾斜角度也隨之變化。太陽光照射時間、照射角度的變化使某地帶所接受的太陽光和熱產生多、少的差別，從而形成春暖夏熱秋涼冬冷的氣候變化。

四季構成一年，即為迴歸年，它的天文意義是平太陽連續兩次通過春分點的時間間隔。迴歸年的長度為 365.2422 日，就是 365 天 5 小時 48 分 46 秒。它由長期的天文觀測所得。

LESSON 098 朔望月

自古以來，月亮週期性的陰晴圓缺是人們制定曆法的根據之一。月亮圍繞地球公轉，同時自轉，兩者週期相同，方向相同，因此月亮總以相同的一面對著地球。在人造衛星上天之前的漫長歲月裡，人們從未見過月亮的後腦勺。

月亮本身不發光，只把照射在它上面的太陽光的一部分反射出來，這樣，對於地球上的觀測者來說，隨著太陽、月亮、地球相對位置的變化，在不同日期裡月亮呈現出不同形狀，即是月相的週期變化。也就是說，雖然月亮被太陽照射時，總有半個球面亮著，但由於月亮不停繞地球公轉，時時改變自己的位置，所以它正對地球的半個球面與被太陽照亮的半個球面有時完全重合，有時完全不重合，有時一小部分重合，有時一大部分重合。這樣，月亮就有了陰晴圓缺的變化。

當月亮處在太陽和地球之間，它的黑暗半球對著人們，人們根本無法看到月亮的任何形象，即為「朔」，朔在天文上指月亮黃經和太陽黃經相同的時刻。逢朔日，月亮和太陽同時從東方升起，就算地球把太陽光反射到月亮，再由月亮反射回的光，也被完全淹沒在強烈的太陽光裡。

當地球處在月亮與太陽之間，雖然三個星球處於一條線，但由於月亮被太陽照亮的半球朝向地球，月光整夜漫灑大地，即為滿月，也就是「望」。這時，月亮黃經和太陽黃經相差 180°。

上弦月 · 望：相對於日地距離來說，月亮與地球的距離太短，在天球上，月亮的東移速度比太陽大很多，每天月亮由西往東前進 13° 多點，而太陽只前進 1°。

於是，朔後的月亮很快跑到了太陽東邊，一到兩天後，太陽一落下去，西邊的天空就出現一彎新月，兩個尖角指向東方。此後，月亮升起的時間越來越晚，月亮也逐漸豐滿起來。約在朔後七天，月亮的黃經正好超過太陽 90°，人們看到的月亮是圓弧朝西的半圓，即為上弦月。以後月亮繼續東移，更加豐滿，升起也更遲，直到望。從朔到望，月亮離開太陽的距離越來越大。

下弦月

望後，月亮逐漸向太陽移近，月面逐漸消瘦。當月亮黃經超過太陽黃經 270°，它又變成半圓形，但圓弧朝東，即為下弦月。這時，當太陽從東方升起時，月亮正高懸在正南的天空，當然，人們的肉眼這時並看不見月亮。下弦後，月亮要到後半夜才從東方出來，它的半個圓面逐漸消蝕，變成狹窄的鐮刀形，尖角向西。從望到朔，月亮與太陽靠得越來越近，終至於再次與太陽黃經相同，消失在晨曦中。

朔望月

月相變化的週期，是從朔到望或從望到朔的時間，稱為朔望月。據觀測結果表明，朔望月的長度並不固定，有時長達29天19小時多，有時僅為29天6小時多，它的平均長度為29天12小時44分3秒。

恆星月

月球與某一恆星兩次同時中天的時間間隔稱「恆星月」，它是月亮繞地球運動的真正週期。朔望月比恆星月長。

恆星月與日常生活關係不大，但朔望月卻因月亮圓缺變化的週期，與地球上漲潮落潮有關，與航海、捕魚密切相關，對人們夜間的活動產生較大影響，同時在宗教上，月相也占有重要位置，所以人們自然將朔望月作為比日更長的記時單位。

小知識

星期的由來

星期制源於古巴比倫和古猶太國一帶，猶太人將它傳到古埃及，又由古埃及傳到羅馬，西元3世紀後，被廣泛傳播到歐洲各國。

在歐洲一些國家的語言中，一星期中的各天並非按數位順序，具有特定名字，以「七曜」分別命名。七曜指太陽、月亮、水星、金星、火星、木星、土星。其中，土曜日為星期六，日曜日為星期天，月曜日為星期一，火曜日為星期二，水曜日為星期三，木曜日為星期四，金曜日為星期五。

在不同地區，由於宗教信仰的不同，一星期的開始時間並不完全一致。埃及人的一星期從土曜日開始，猶太教從日曜日開始，伊斯蘭教則從金曜日開始。習慣上，人們認為星期一是開始時間（某些地區把星期日作為一週開始）。

LESSON 099 恆星日與真太陽日

地球的運動提供給人們計量時間的依據，給出兩種天然的時間單位：日和年。「日」，指晝夜更替的週期，古人用圭表測日影來測定日的長度，如某天正午太陽位於正南方，表影最短，從這時起到第二天正午，太陽再次位於正南，表影最短的時間間隔為一天，也即一個真太陽日。

恆星日

連接一個地方正南正北兩點，所得的直線為子午線，子午線和鉛垂線所決定的平面是正南正北方向的子午面。某地天文子午面兩次對向同一恆星的時間間隔稱恆星日，恆星日是以恆星做參考的地球自轉週期。

真太陽日

如果將時間單位定義為某地天文子午面兩次對向太陽圓面中心（即太陽圓面中心兩次上中天）的時間間隔，那麼這個時間單位就被稱為真太陽日，簡稱真時，也叫視時。它是以太陽做參考的地球自轉週期。

恆星日總比真太陽日短一些。因為地球離恆星很遙遠，遠到從恆星上看來，地球似乎不動，相對於如此遙遠的距離 —— 地球的公轉軌道已變作一個點。從這些遙遠天體來的光線是平行的，無論地球處在公轉軌道上的哪一點，某地子午面兩次對向某星的時間間隔都未發生變化。比較起來，太陽離地球卻近多了，從地球上看，太陽沿黃道自西向東移動，一晝夜幾乎移動 1°。

對於某地子午面來說，當完成一個恆星日後，由於太陽已移動，地球自轉也是自西向東，所以地球必須再轉過一個角度，太陽才再次經過這個子午面，就完成了一個真太陽日。

恆星日只在天文工作中使用，實際生活中，我們所用的「日」是指晝夜更替的週期，顯然更接近於真太陽日。根據真太陽日制定的時間系統，稱為「真太陽時」。

LESSON 100 曆書時

曆書時，有稱牛頓力學時，是指描述天體運動的動力學方程中作為時間引數所體現的時間，或天體曆表中應用的時間。它是由天體力學的定律確定的均勻時間。

曆書時的初始曆元取為 1900 年初附近，太陽幾何平黃經為 279° 41′ 48″ .04 的瞬間，秒長定義為 1900.0 年迴歸年長度的 1/31556925.9747。1958 年，國際天文學聯合會決議決定：自 1960 年開始，用曆書時代替世界時作為基本的時間計量系統，規定天文年曆中太陽系天體的位置都按曆書時推算。曆書時與世界時之差可由觀測太陽系天體（主要是月球）定出。曆書時的測定精確度較低，1967 年起已被原子時代替作為基本時間計量系統。

LESSON 101 平太陽日與平太陽時

由於太陽的周年視運動不均勻，太陽運行至近地點時最快，至遠地點時最慢，同時因為黃道與赤道並不重合，存在黃赤交角，所以根據太陽確定的真太陽日存在長短不一的問題。

為解決該問題，使計時系統均勻化，人們假想了一個輔助點——「平太陽」。它沿著天球赤道勻速運行，速度是太陽在一年內的平均速度，並和太陽同時經過近地點（地球過近日點）和遠地點（地球過遠日點）。人們將「平太陽」連續上中天的時間間隔稱為「平太陽日」。一個「平太陽日」等分為二十四個「平太陽小時」，一個「平太陽小時」等分為六十個「平太陽分」，一個「平太陽分」又等分為六十個「平太陽秒」。

根據這個系統計量時間得出的結果，稱「平太陽時」，簡稱「平時」，即人們日常生活中使用的時間。

從 19 世紀末期開始，人們以「平太陽日」作為計量時間的基本單位。當時為計算方便，美國紐康（1835 ～ 1909）首先假設出一個「平太陽」。

近代，由於測時精確度提高，人們發現地球自轉並非絕對均勻，當然，它的速度變化很微小，根本不影響曆法的制定。

LESSON 102 真太陽時

以真正的太陽為參考點，以真太陽的視運動來計算地球自轉一周的時間，就是說，太陽視圓面中心連續兩次上中天的時間間隔叫一個真太陽日。一個真太陽日分為 24 小時，一個真太陽小時分為 60 分，一個真太陽分分 60 秒。

真太陽時在日常生活中應用不便，因為地球自轉同時還繞日公轉，且公轉速度不均勻，如在近日點附近運動快，在遠日點附近運動慢。

LESSON 103 恆星時

一種時間系統，是以地球真正自轉為基礎，即從某一恆星升起開始到這一恆星再次升起（23 時 56 分 4 秒）。考慮地球自轉不均勻影響的為真恆星時，否則為平恆星時。

LESSON 104 原子時

原子時是以物質的原子內部發射的電磁振盪頻率為基準的時間計量系統。

原子時的初始曆元規定為 1958 年 1 月 1 日世界時 0 時，秒長

定義為銫 -133 原子基態的兩個超精細能階間在零磁場下躍遷輻射 9192631770 周所持續的時間。這是一種均勻的時間計量系統。1967 年起，原子時已取代曆書時作為基本時間計量系統。

原子時的秒長規定為國際單位制的時間單位，作為三大物理量的基本單位之一。原子時由原子鐘的讀數給出。國際計量局收集各國各實驗室原子鐘的比對和時號發播資料，進行綜合處理，建立國際原子時。

LESSON 105 地方時·區時·世界時

平常人們在鐘錶上看到「x 點 x 分」，習慣上將其稱為「時間」，但其實應將其稱為「時刻」。某一地區具體時刻的規定，與該地區的地理緯度有一定關係。如世界各地的人都習慣將太陽處在正南方（太陽上中天）的時刻定為中午 12 點，此時正好背對太陽的另一地點（地球的另一側），其時必是午夜 12 點。如全世界統一使用一個時刻，只能滿足在同一條經線上的某幾個地點的生活習慣。所以，整個世界的時刻不可能完全統一。這種在地球上某個特定地點，根據太陽具體位置確定的時刻，稱為「地方時」。因此，真太陽時又稱「地方真太陽時」（地方真時），平太陽時又稱「地方平太陽時」（地方平時）。地方真時和地方平時均屬於地方時。

1879 年，加拿大鐵路工程師伏列明提出「區時」概念，該建議在 1884 年的一次國際會議上被認同，由此正式建立統一世界計量時刻的「區時系統」。

「區時系統」規定

將地球上每 15°經度範圍作為一個時區（太陽一小時內走過的經度）。這樣，整個地球表面就被劃分成 24 個時區。

各時區的「中央經線」規定為 0°（本初子午線）、東西經 15°、東西經 30°、東西經 45°……直到 180°經線，在每條中央經線東西兩側各 7.5°範圍內的所有地點，一律使用該中央經線的地方時作為標準時刻。「區時系統」在大範圍解決了各地時刻的混亂，使世界上只存在 24 種不同時刻，而且由於相鄰時區間的時差正好為一個小時，這樣各不同時區間的時刻換算變得非常簡單。

規定了區時系統後，假如人們由西向東周遊世界，每跨越一個時區，就會把錶向前撥一個小時，在跨越 24 個時區回到原地後，錶也剛好向前撥過 24 小時，即為第二天的同一鐘點；相反，當人們由東向西周遊世界一圈後，錶指示的是前一天的同一鐘點。

為避免日期錯亂，國際上統一規定 180°經線為「國際換日線」。由西向東跨越國際換日線時，得在計時系統中減去一天；反之，由東向西跨越國際換日線，就得加上一天。

LESSON 106 夏令時差

人造時間中還有一種「戰時時間」，又稱「夏令時間」、「日光節約時間」。有些國家、地方在夏季時因日出早、日落遲，白晝較長，為充分利用日光，節省用電，將作息時間提早一個小時（把鐘錶撥快一個小時）。

LESSON 107 三垣

中國古代為認識星辰和觀測天象，將天上的恆星幾個一組，每組合定一個名稱，這樣的恆星組合稱星官。各星官包含的星數多寡不等，少到一個，多則幾十個，所占的天區範圍各不相同。在眾星官中，有三十一個占有重要地位，這就是三垣二十八宿。後來，三垣二十八宿發展成中國古代的星空劃分體系，類似現代天文學中的星座。

三垣包括紫微垣、太微垣和天市垣。

紫微垣包括北天極附近的天區，大致相當於拱極星區，如大熊、小熊、天龍、仙王、仙后等。中國古代多以皇家貴胄命名，如天皇大帝、太子、太尊等。

太微垣包括室女、后髮、獅子等星座的一部分，中國古代多以大臣官職命名，如三公、九卿、虎賁、從官、幸臣等。

天市垣包括蛇夫、武仙、巨蛇、天鷹等星座的一部分，中國古代多以市井商賈命名，如斗、斛、肆、樓等。

小知識

二十八宿

二十八宿又稱二十八舍、二十八星，是中國古人為觀測日、月、五星運行劃分的二十八個星區，用以說明日、月、五星運行所到位置。每宿包含若干恆星。

二十八宿自西向東排列為：東方蒼龍七宿（角、亢、氐、房、心、尾、箕）；北方玄武七宿（斗、牛、女、虛、危、室、壁）；西方白虎七宿（奎、婁、胃、昴、畢、觜、參）；南方朱雀七宿（井、鬼、柳、星、張、翼、軫）。

LESSON 108 四象

古人把東、北、西、南四方每一方的七宿想像作四種動物形象，稱為四象。東方七宿如同飛舞在春天夏初夜空的巨龍，故稱東宮蒼龍；北方七宿似蛇、龜出現在夏天秋初的夜空，故稱北宮玄武；西方七宿猶猛虎躍出深秋初冬的夜空，故稱西宮白虎；南方七宿像一展翅飛翔的朱雀，出現在寒冬早春的夜空，故稱南宮朱雀。

LESSON 109 潮汐

潮汐是沿海地區的一種自然現象，古代稱白天的潮汐為「潮」，晚上的稱為「汐」，合稱「潮汐」。它的發生和太陽、月球都有關係，也和中國傳統農曆對應。在農曆每月的初一即朔點時刻處太陽和月球在地球的一側，因而有最大的引潮力，從而引起「大潮」，在農曆每月十五、十六附近，太陽和月亮在地球兩側，太陽和月球的引潮力彼此推拉也會引起「大潮」；在月相為上弦和下弦時，即農曆的初八和二十三時，太陽引潮力和月球引潮力互相抵消一部分發生「小潮」。

由於月球和太陽運動的複雜性，大潮可能有時推遲一天或幾天，一太陰日間的高潮也往往落後於月球上中天或下中天時刻一小時或幾小時，有的地方一太陰日就發生一次潮汐。

官網

國家圖書館出版品預行編目資料

0 負擔天文課：輕薄短小的 109 堂課，變身一日太空人 / 侯東政 著 . -- 第一版 . -- 台北市：清文華泉 , 2020.12

面； 公分

ISBN 978-986-5552-45-9(平裝)

1. 天文學

320 109017262

0 負擔天文課：輕薄短小的 109 堂課，變身一日太空人

作　　者：侯東政

發 行 人：黃振庭

出 版 者：清文華泉事業有限公司

發 行 者：清文華泉事業有限公司

E-mail：sonbookservice@gmail.com

粉 絲 頁：https://www.facebook.com/sonbookss/

網　　址：https://sonbook.net/

地　　址：台北市中正區重慶南路一段六十一號八樓 815 室

Rm. 815, 8F., No.61, Sec. 1, Chongqing S. Rd., Zhongzheng Dist., Taipei City 100, Taiwan (R.O.C)

電　　話：(02)2370-3310　　**傳　　真**：(02) 2388-1990

印　　刷：京峯彩色印刷有限公司（京峰數位）

定　　價：299 元

發行日期：2020 年 12 月第一版

臉書

蝦皮賣場